과학은 미래로 흐른다

DAS WICHTIGSTE WISSEN
by Ernst Peter Fischer

과학은 미래로 흐른다

빅뱅에서 현재까지, 인류가 탐구한 지식의 모든 것

에른스트 페터 피셔 지음 | 이승희 옮김

다산사이언스

일러두기

* 본문 속 괄호는 저자의 것, 각주는 옮긴이의 것이다.

지식이 얼마나 중요했고 중요해질지를 아는

볼프람 훈케Wolfram Huncke 와 토르발트 에베Thorwald Ewe 에게

| 우리 시대의 동화 |

어느 먼 나라에 왕이 살고 있었다. 어느 날 왕은 진정 중요한 게 무엇인지 알고 싶었다. 왕은 지식인들을 불러 모아 그것을 알려달라고 청했다. 지식인들은 오랫동안 부지런히 일했고, 곧 100권짜리 전집을 내놓았다. 왕은 말했다. "아니다. 나는 더 짧은 걸 원한다." 그래서 지식인들은 지식을 더 좁혀나갔다. 곧, 그들은 책 한 권을 가지고 돌아왔다. 왕은 말했다. "이것도 아니다. 나는 한 문장을 원한다." "그렇다면 사막의 현자에게 물어봐야 합니다." 지식인들은 이렇게 대답한 후, 은둔하는 사막의 현자를 찾아가서 왕의 바람을 알려주고 답을 청했다. 그러자 현자는 대답했다. "모든 것은 지나갈 것이다."

지식의 마법에 대하여

"지식은, 걸려본 적이 없는 사람은 누구도 이해하지 못하는 마법을 갖고 있다." 고트프리트 빌헬름 라이프니츠Gottfried Wilhelm Leibniz는 『신정론Essais de théodicée』에서 이렇게 썼다. 이 말처럼 지식 속엔 경험한 자만이 알 수 있는 특별한 것이 존재하는데, 많은 사람이 이를 경험하고 싶어 했기 때문에 지식은 역사 속에서 '행동과 욕망'의 대상이 되었다. 로베르트 무질Robert Musil은 『특성 없는 남자Mann ohne Eigenschaften』에서 지식에 대한 행동과 욕망을 잘 보여준다. 이 오스트리아 작가가 보기에 인간의 지식 지향은 결코 피할 수 없는 일이었는데, "인간은 '반드시' 알기를 원하기 때문이다." 이런 생각은 철학 그 자체만큼이나 오래된 것이다. 아리스토텔레스Aristoteles는 심지어 지식 추구를 인간 종의 타고난 본성으로 보았으며, 『형이상학Metaphysik』 첫 문장에 이렇게 서술했다. "인간은 무언가를 알기 원한다. 인간은 인지하면서 세상에 대한 즐거움을 느끼기 때문이다." 아리스토텔레스는 이를 '감각aisthesis'이라 불렀는데, 이는 지식의 마법 같은 것을 떠올리게 한다. 또한 인간에게는 이런 미학적인 것이 기본 요소로 깃들어 있고, 이와 관계를 맺는 사람은 더없이 행복한 상태에 도달한다고 중세 사상가 알베르투스 마그누스Albertus Magnus는 말했다.

지식은 기쁨을 주며 친구를 찾을 수 있게 해준다. 이 작은 책을 쓴 나도 이에 기여하고 싶다. '가장 중요한 지식'[1]으로서 이 기쁨을 전해주는 데 성공한다면, 그때 나의 책은 목표에 완전히 도달한 셈이다. 독일의 재치 넘치는 금언 제조기 괴테Johann Wolfgang von Goethe가 250년 전에

1 Das wichtigste Wissen이라고 쓰인 부분으로 이 책의 원서 제목이기도 하다.

정교한 반어법으로 표현했듯이 책을 뒤지거나 인터넷을 클릭하여 찾은 사실을 종이에 옮겨 적은 후 '안심하면서 집으로 가져가는' 일은 여기서 전혀 중요하지 않다.[2] 그보다 중요한 것은 **설명할 수 있는** 지식을 통해 마법을 펼치고, 이 작은 책에 등장한 지식과 다른 책들에 더 많은 욕구를 불러일으키는 일이다.

당연하게도 개인과 인류 공동체가 중요하게 여기는 것은 완전히 다르다. 인류 공동체는 무엇보다도 어떤 미래가 인류 앞에 서 있는지 알고 싶어 한다. 그리고 여기서 인류는 미래의 삶이 지식에 달려 있음을 깨닫게 되는데, 이 지식을 활용하려면 우선 찾아야 한다. 중요한 책임감으로 임해야 하는, 미래를 알려줄 지식을 찾는 과제는 다

2 파우스트 비극 제1부 1965행에 나오는 구절의 변용이다. 대학에서 교수의 강의를 성령의 말씀처럼 받아 적어야 한다는 악마 메피스토펠레스의 충고에 학생은 당연히 그럴 거며, '종이에 쓰인 것은 안심하고 집으로 가져갈 수 있으므로 유용하다.'라고 답한다. 사실과 논리, 책에 쓰인 것에만 집착하는 이성을 풍자하는 뜻이 숨어 있다. 저자는 이 구절을 인용하면서 우리 시대에 맞게 인터넷 클릭도 추가했다.

른 학문을 제치고 자연과학이 맡고 있다. 그래서 이 책 대부분은 자연과학의 형성과 효과를 다룬다. 고대 그리스 작가 핀다로스Pindaros의 말대로 미래는 우리에게 부과된 과제이지만, 어떻게 살게 **될 것인지** 인간은 알지 못한다. 그러나 더 나은 세계에 살기를 **원한다**는 것은 알고 있다. 이런 세계는 인간의 지식으로 창조할 수 있으며, 이 과정에서 자신에게로 가는 길을 잃어버려서는 안 된다.

성서가 천지 창조를 7일에 걸쳐 설명하듯이, 인간의 창조물인 이 책 『과학은 미래로 흐른다』를 일곱 개의 장으로 나누어 서술하자는 생각은, C. H. 벡C. H. Beck 출판사의 편집자 스테판 폰 데어 라르Stefan von der Lahr와의 대화에서 나왔다. 일주일을 나누는, 오래되고 매력적인 숫자 7은 수천 년 전 유프라테스강과 티그리스강 사이에 있는 메소포타미아 지역에서 도입된 시간 단위다. 이 시간 구분은 대단히 성공적이어서 마치 신의 생각처럼 여겨지며, 오늘날까지도 세계에서 쓰이고 있다. 이 시간이 흘러갈수록 구성, 세부 구분, 측정을 하는 데 경험과 과학, 기술이 많은 도움을 주었고 그 결과 우리 삶에, 그리고 전 세계에 기계가 큰 영향을 끼치게 되었다.

이 영향은 이윽고 사람들이 늘 손에 들고 다니는 어떤 기계에 도달했다. 손안에 있는 그 기계에서 사람들은 일상과 싸우는 데 필요한 지식을 얻고 있다. 이 놀라운 기술 작품이 손안에 있게 된 기반은 20세기 지식에 어떤 특질을 부여할 수 있었던 한 과학 분야에서 나왔다. 바로 원자 영역 안에 얽힌 세계를 발견한 물리학이다. 원자의 부분은 스스로 존재하지 않으며, 환경과의 상호작용을 통해 열린 '실재'로 존재한다. 이 환경에는 인간 자신도 포함된다. 인간이 과학으로 묘사하는 것은 더는 **세계**가 아니라 **세계에 대한 지식**이다. 지식은 인간의 작품이며, 이 책은 일곱 개의 장에서 그 업적에 대해 설명한다.

여기서 특히 드러나는 점을 다음 문장으로 표현할 수 있다. "세계는 어떤 부분도 갖고 있지 않은 하나의 전체다." 전체로서의 세계는 인간이 이를 말하기 위해 이름을 부여했을 때만 드러난다. 이 전체는 이미 오래전에 알려졌다. 다시 한번 괴테를 인용하면, "관계가 모든 것이다." 괴테는 이 통찰을 친구 카를 프리드리히 첼터Karl Friedrich Zelter에게 보낸 편지에서 "관계는 생명이다."라고 계속해서 강조한다. 개별 유전자에서 유전자 사이의 상호작용과 전체 유전자인 게놈으로 관심을 옮기는 현대 생물학이 이 통찰을 확인해 준다. 여기서 인간은 더는 개인이 아니라 자기 세포와 우리 몸 안에 거주하는 외부 생명체로 구성된 역동적인 통일체다.

더 나아가 관계는 역사에도 강렬한 흔적을 남긴다. 20세기 초 문예학자 에른스트 로베르트 쿠르티우스Ernst Robert Curtius가 『교육의 요소들Elemente der Bildung』을 관찰하면서 알게 되었듯이, 인간이 이전에 하늘을 관찰하지 않았더라면 결코 지하철을 운행할 수 없었을 것이다. 이 무슨 지식의 변환인가! 그렇게 "모든 지식은 동시에 변화여야 한다." 쿠르티우스는 교육의 본질을 숙고하면서 약간의 놀라움을 보여준다. 그는 교육이 늘 새로운 형태의 그림을 만드는 과정이라고 생각한다. 지식은 인간을 변화시킨다. 개별 인간뿐 아니라 모두를 함께 바꾼다. 그리고 인간은 지식으로 세계를 변화시킨다. 이를 피할 방법은 없다. 앞에서 인용했듯이, "인간은 '반드시' 알기를 원하기 때문이다." 지식이 늘어날수록 세계의 비밀은 줄어들지 않고 오히려 깊어진다는 점을 배우는 것은 고통스럽지만 즐거운 통찰의 과정이다. 이 깨달음을 이해하고 마음에 새긴 사람은 세상 만물과 그 요소에 더 많은 경외감을 갖게 되고 세계와 동료 인간들을 더 존중하게 될 것이다. 그리고 이것이 실제로 드러나게 되는 가장 중요한 지식일 것이다.

· CONTENTS ·

· CHAPTER 1 ·

빛과 에너지

「창세기」 1장에는 다음과 같은 말이 적혀 있다. 태초의 바다는 어둠으로 덮여 있었고, 그 물 위에 하느님의 영이 휘돌고 있었다. 우리는 이 말처럼 태초의 모습이 이러했을 것으로 믿고 있으며 설명도 할 수 있다. 그러나 우리는 19세기 이후 물리학의 핵심 명제를 알아야 한다. 세계는 태초부터 축복을 받아 에너지로 가득 차 있었음이 틀림없다. 에너지가 세계를 만든다. 물리학이 말해주듯이, 에너지는 세계에 계속 머문다. 단지 다른 모습으로 나타날 뿐이다. 예를 들어, 에너지는 운동을 통해 열로 변환되며, 반대로 열이 에너지로 변하기도 한다. 에너지는 보존되면서도 다양한 형태를 통해 세계를 변화시킨다. 에너지가 활동하는 비밀스러운 시간은 멈추지 않는다.

"빛이 되어라!"라는 명령과 함께 에너지는 모습을 드러냈다. 가시광선 스펙트럼은 전체 빛의 아주 작은 일부라는 사실을 오늘날 물리학자들은 잘 알고 있지만 성서의 화자는 알지 못했다. 시간이 지나면서 인간의 눈에 보이지 않는 빛에너지가 점점 더 많이 발견되었다. 이런 발견은 문화 영역에도 영향을 미쳤는데, 태양이라는 바깥의 빛을 통해 드러나는 것이 세계의 전부가 아니기 때문이다. 오히려 세계는 환상이라는 내면의 빛을 통해서도 나타날 수 있게 되었다. 세계는 이제 인간의 발명품이 되어, 알베르트 아인슈타인Albert Einstein의 이론처럼 추상적으로 표현된 과학과 파블로 피카소Pablo Picasso의 추상화 같은 작품 속에서 그 모습을 드러낸다.

눈에 보이지 않는 빛은 자외선 영역에서 복사열과 함께 19세기에 처음 발견되었다. 이 발견은 뢴트겐선, 전파의 발견으로 이어졌으며, 방사능 원자들이 방출하는 고에너지 광선으로까지 이어졌다. 이 에너지 광선은 방사능 원자들이 자발적으로 변화(붕괴)될 때 생겨나는데, 예컨대 우라늄 원자가 라듐으로 바뀔 때 방출되는 방사선이 있다. 방사능 원자의 붕괴가 관찰되면서 원자는, 고대로부터 이어온 쪼개질 수 없다는 명성을 잃어버렸다. 그리고 20세기 초에 결국 이 생각은 폐기되었다. 원자는 더 작은 요소인 '전자'를 품고 있으며, 이 전자를 원자에서 분리할 수 있음이 증명됐기 때문이다. 원자는 나눌 수 있지만, 사람들은 계속해서 원자를 "나뉠 수 없는 것átomos"이라고 부른다. 용납할 만한 언어적 오류다. 저녁마다 지평선이 서서히 올라와 태양을 가리는 것이 지구의 자전 때문임을 수백 년 전부터 알고 있지만, 언제나 사람들은 해가 진다고 말한다. 마찬가지로 인생의 절반을 거꾸로 매달려 산다는 것도 느끼지 못하며, 어디가 위이고 어디가 아래인지도 전혀 모른다.

20세기에 원자에 대해 두 가지 요소가 밝혀졌다. 원자는 질량 대부분을 차지하는 핵과 핵 주위를 춤추듯 돌고 있는 전자들로 구성되며, 이 전자들이 운동에너지를 빛으로 바꿀 수 있다. 이 변환 과정을 계산할 수는 있지만, 실제로 어떻게 그 일이 진행되는지는 아직 파악하지 못했다. 또한, 빛으로 변환되어 지구에 도달해 생명을 돌보는 태양 에너지가 구체적으로 어떻게 생겨났는지를 아는 사람도 없다. 그러나 태양 안에서 수소와 헬륨이 융합하여 열을 생산하며, 이 열이 서서히 밖으로 나와 빛으로 우주에 방출된다는 사실은 알고 있다. 1905년 아인슈타인이 질량과 에너지 사이에 비밀스러운 활동 관계[1]를 알게 된 후, 이때 생겨나는 에너지양도 계산할 수 있게 되었다. 그 관계는 $E=mc^2$이라는 공식으로 표현된다. 질량(m)에 빛의 속도(c)의 제곱을 곱해주면 에너지(E)가 생겨나는데,

---

1 1905년, 아인슈타인은 "물체의 관성은 에너지 함량에 의존하는가?Does the Inertia of a Body Depend upon its Energy-Content?"라는 제목의 논문을 《물리학 연보Annalen der Physik》에 발표했다. 질량과 에너지 사이의 관계를 다룬 이 논문은 질량이 곧 에너지라고 하는 질량 에너지 등가의 법칙을 밝혀 과학계에 큰 충격을 안겨주었다. 아인슈타인은 움직이는 물체에는 (운동)에너지가 있고 움직이지 않는 물체에는 에너지가 없다고 여기는 기존 고전 역학과 달리 정지된 물체도 에너지를 가지고 있다고 말하며 모든 에너지가 그에 상당하는 질량을 가지고 있고 마찬가지로 물체 역시 질량과 동일한 에너지를 갖고 있다고 말했다. 세계에서 가장 유명한 공식인 $E=mc^2$은 바로 이 질량과 에너지의 등가성을 설명하는 공식이다.

이 에너지의 크기는 엄청나다. 빛은 시속 30만km로 움직이며, 1초 남짓이면 달까지 도착하기 때문이다.

$E=mc^2$ 공식은 놀라운 결과들을 낳았다. 큰 에너지 충돌로 점점 더 작은 입자들로 쪼개지는 경우를 생각해 보자. 이 과정에서 투입된 에너지는 마침내 물질로 바뀔 수 있는데, 이때 분열 과정에서 역설적이게도 입자들은 작아지지 않고 더 커진다. 한편 1938년에 독일 화학자들은 물리학자 리제 마이트너Lise Meitner가 나치의 탄압으로 떠나기 전에 독일에서 진행했었던 중성자 방사선을 우라늄 결정에 쏘는 실험을 계속 하고 있었다. 이 실험으로 참가한 화학자 중 한 명인 오토 한Otto Hahn이 우라늄이 바륨으로 변환되는 것을 알게 되고 이 사실을 마이트너에게 알린다. 망명 중이던 마이트너는 우라늄 원자가 질량이 작은 바륨 원자로 변하는 과정에서 줄어든 질량만큼 에너지가 방출되었음을 알게 되는데 이것이 바로 핵분열이다. 그리하여 1938년 크리스마스 시기에 리제 마이트너는 아인슈타인의 공식 $E=mc^2$을 이용해 변환 과정에서 엄청나

게 밝은 빛이 방출됨을 가장 먼저 계산할 수 있었다. 그리고 이로부터 7년 후인 제2차 세계대전 말, 이 연구를 기반으로 처음으로 제조되어 투입된 원자폭탄에서 나온 빛은 **수천 개의 태양 빛보다 밝았다.**

아인슈타인이 질량과 에너지 사이의 등가 관계를 알게 되었을 때, 폭탄을 생각하기에는 물리학자들의 원자 지식이 너무 보잘것없었다. 또 역사적 진실이 말해주듯, 질량 안에 들어 있는 파괴적인 에너지양을 아인슈타인은 전혀 알고 싶어 하지도 않았다. 반대로 그는 에너지 함량이 올라갈 때 물체의 관성, 즉 상대론적 질량이 어떻게 변하는지에 흥미가 있었다. 그러므로 덜 화려하기는 하지만, 아인슈타인의 등식은 $m=E/c^2$으로 표현되어야 한다.

1905년은 '아인슈타인의 기적의 해'로 언급되곤 하는데, 아인슈타인이 그해에만 각각 노벨상을 받아도 손색이 없는 연구 결과를 다섯 개나 발표했기 때문이다. 아인슈타인은 그중에서 그 스스로도 혁명적 발견이라고 묘사한 빛에 대한 발견, 더 정확하게는 그때까지 광전효과라는 이름으로 연구가 계속되고 있었지만 분명히 밝혀지지 않았던, 빛이 전기로 변환되는 현상을 설명한 공로로 노벨상을 받는다. '금속에 빛을 쪼이면 금속 원자 내부의 전자들이 움직이는데 이는 빛의 강도가 아닌 진동수 때문이다.' 대수롭지 않게 들리는 얘기지만, 아인슈타인은 이 현상 덕분에 물리학에 혁명을 일으켰다.[2] 이 현상을 해석한 후 아인슈타인은 자신이 지금까지 알고 있던 모든 것들이 근본부터 흔들리고 있다고 여겼다.

아직 이름이 알려지기 전의 아인슈타인이 광전효과의 빛과 물질의 상호작용에 초점을 맞추던 때, 그의 과학에는 그가 곧 포기해야 할 확실성(뒤에 다시 설명할 것이다)과,

---

2 빛의 두 가지 특성 중 하나인 입자성을 설명한 현상으로 금속에 일정한 진동수 이상의 빛을 비추었을 때 금속 표면에서 전자가 튀어나오는 현상을 말하며, 이때 금속 밖으로 튀어나온 전자를 광전자라고 한다. 고전역학에서는 빛이 입자인지 파동인지를 두고 오랫동안 논의를 이어왔는데, 아인슈타인을 통해서 빛이 입자성을 가지고 있음이 밝혀졌다. 이 발표로 인해서 빛에는 파동성과 입자성이란 두 가지 본성이 알려지게 되고 고전역학을 새로 쓴다는 표현이 나올 정도로 큰 변화를 맞이하게 된다.

아인슈타인 이전에는 누구도 진지하게 받아들이지 않았던 혁신이 있었다. 이 혁신은 1900년에 흑체가 빛을 방출할 때 나타나는 색을 설명하기 위해 중요한 제안을 도입한 막스 플랑크Max Planck로 거슬러 올라간다. 당시 흑체 복사 법칙을 찾아내려고 오랫동안 숙고했지만 아무 성과를 얻지 못한 플랑크가 연구의 어려움을 토로하는 자리에서 오늘날 일상에서도 종종 접하는 용어인 '양자도약Quantum Leap'[3]을 제안하였는데, 이것이 양자역학이 탄생하는 계기가 되었다. 양자역학이 세계관을 완전히 바꿈으로써 인류에게 얼마나 중요한 영향을 미쳤는지는 어떻게 설명해도 충분하지 않을 것이다.

양자역학은 원자와 빛에 관한 학문이지만 철학적 사고에 새로운 영역을 개척했고 트랜지스터와 같은 기술을 발전시키는 등 일상에 깊이 스며들어 세계 경제에 막대

3 퀀텀 점프, 혹은 양자도약은 평범하지 않은 대단히 큰 진보나 변화를 의미하는 비유어로 사용되기도 한다

한 기여를 했다. 이렇게 양자역학은 자연과학에서 경이로운 발전의 시작점에 있음과 동시에 새로운 종류의 지식을 낳은 사고의 정점이자 종결점이기도 하다. 여기서 말하는 새로운 종류의 지식이란 확률을 의미한다. 확률은 결정론적 법칙이 아닌 통계적 법칙으로 자연을 이해하며, 사건의 빈도와 범위를 제시한다. 오늘날 확률적 지식은 자연스러운 일상에 속한다. 투표 결과를 예측하고 비가 올 확률도 알려준다. 그러나 예를 들어 숨겨진 변수를 찾을 수 없어 일기예보를 정확히 예측할 수 없다는 생각은 사람들을 답답하게 한다. 양자역학은 단지 가능성만을 알려준다. 방사능 원자가 언제 방출될지, 전자를 어디서 찾을 수 있는지, 그리고 특정 광자가 흡수될지 아니면 반사될지에 대해 확률로만 대답할 수 있다. 양자역학의 이런 통계적 요소들은 아인슈타인을 불쾌하게 만들었으며, 급기야 신은 주사위 놀이를 하지 않는다는 말까지 하게 만들었다(마치 누군가 하늘에 계신 신에게 그 일을 어떻게 해야 하는지를 가르칠 수 있다는 듯이).

1900년에 이 이론을 세계에 처음 선보였던 플랑크도 이 이론이 마음에 들지는 않았지만, 그는 이 비합리적인 양자도약과 함께 살아가고자 했다. 근본적 혁신은 방사된 빛의 불연속성이다. 방사된(방출된) 빛에너지는 더는 연속된 흐름으로 움직이지 않고, 개별적인 에너지 덩어리 형태의 광선들로 분해되며, 이런 형태가 빛에 입자적 성격을 부여하게 되었다. 광자에너지를 주파수에 비례하여 배열했을 때, 플랑크는 흑체에서 나오는 색깔 스펙트럼을 완벽하게 예측할 수 있었다. 그러나 플랑크는 승리감에 도취하는 대신 신중하게 다시 정신을 가다듬었다. 누구도 의심하지 않았던 물리학의 확신대로 빛은 연속된 파동이었다. 빛의 파동성은 최소한 플랑크 자신에게는 틀림없는 사실이었다. 플랑크와 다른 물리학자들이, 그리고 1905년까지의 아인슈타인이 견지하던 고전적 사고에 대한 믿음은 스코틀랜드 물리학자 제임스 클러크 맥스웰James Clerk Maxwell의 위대한 성공에 근거한다. 맥스웰은 1870년 이후에 그전까지 분리되어 관찰되던 전기장과 자기장을 역동적인 전자기 파동으로 변환하는 데 성공했다. 맥스웰은 자신의 기발한 착상을 4개의 방정식으로 표현했다. 요즘, 이 방정식이 새겨진 티셔츠를 볼 수 있는데, 이 티셔츠에는 "빛이 되어라!"라는 창세기 문구도 함께 박혀 있다. 실제로, 맥스웰은 전자기에너지가 빛의 파동 운동으로 어떻게 변환될 수 있는지를 보여주었다. 심지어 맥스웰은 전자기파의 속도도 계산할 수 있었으며, 그 계산값은 하인리히 헤르츠Heinrich Hertz가 19세기 말에 제시할 수 있었던 측정값과 정확하게 일치했다. 물리학의 세계는 완벽한 질서 속에 있는 것처럼 보였다. 광전효과가 측정되어 말문이 막히기 전까지는 그렇게 보였다. 아인슈타인이 파동이라는 생각에 빠지지 않고 불연속적인 광자라는 플랑크의 제안에 의지하면서 이 막힘을 명쾌하게 해결했다. 빛에 두 가지 본성을 부여하는 파격적인 제안이 그 해결책이었다. 빛은 이제 파동으로 확장될 뿐 아니라 양자 입자Quantum particle로도 드러나게 된다. 그사이 이 입자를 '광자Photon'라고 부르게 되는데, 처음 들었을 때 전자를 연상시키면서 작은 구형 같다는 인상을 받게 된다. 그러나 양자 입자를 절대 익숙한 입자로 상상해서는 안 된다. 아인슈타인은 1905년부터 죽을 때까지, 50년 동안 입자에 가까운 것으로 대답하지 않으면서 광자의 본성을 표현할 방법에 대해 골똘히 생각했다. 생의 마지막에 이르러 아인슈타인은 한탄했다. 바야흐로 온갖 "시정잡배들"이 빛을 안다고 생각한다! 위대한 아인슈타인의 말대로 이런 생각은 엄청난 오류다. 그는 이 신비로운 빛의 이중성에서 철학적 평화론을 만들었으며 다음과 같은 확신을 얻었다. "인간이 경험할 수 있는 가장 아름다운 것은 비밀스러운 것이다. 이 비밀스러운 것이야말로 진정한 과학과 예술의 요람이 되는 근본 감정이다. 이 비밀스러움을 알지 못한 채 이제는 놀라움과 경탄을 경험하지 못하는 사람은, 말하자면 이미 죽은 사람이며 그의 눈은 빛을 잃은 것이다." 인식이라는 내면의 빛은 세계라는 외부의 빛이 비밀임을 보여준다. 바로 이 비밀스러움이 매력과 아름다움을 만든다. 사람들이 마음을 닫지 않고 과학에 계속 관심을 기울

인다면 과학은 세계의 매력과 아름다움을 마법처럼 보여 줄 것이다.

철학적으로 빛의 이중성은 '상보성'이란 개념으로 토론되는데, 닐스 보어Niels Bohr가 물리학에 이 개념을 도입했다. 보어는 모든 자연의 서술에는 첫 번째 요소와 반대되지만 동등한 두 번째 요소가 존재한다고 보았는데, 지식의 상보적 서술에 대해 둘 다 필요하고 타당하며 둘 사이의 긴장을 통해 진리가 자신의 비밀을 유지하게 된다고 말했다. 이런 의미 안에서 아인슈타인은 두 가지를 발견했다. 첫째, 빛의 본성에 대해서는 상보적 서술이 필요하다. 둘째, 이런 이중성은 계몽주의 사고보다는 낭만주의 정신과 훨씬 더 잘 어울린다. 그런데 많은 이들이 이 어울림을 기꺼이 무시한다.

물리학이라는 주제에 '낭만주의'가 등장하는 것이 이상해 보일 수 있다. 그러나 이는 중요한 문제이며, 빛에 대한 아인슈타인의 해석에서 그 이유가 발견된다. 아인슈타인은 빛의 이중성을 해석하면서 전율했는데, 이 해석에서 전혀 기대하지 않았던 계몽주의의 한계가, 자신이 몸담은 물리학에서 드러났기 때문이다. 계몽주의 사고의 대표자들은 18세기에 모습을 드러냈다. 이들은 처음으로 세계에 대한 이성적인 질문을 제기하고, 이 질문에 대한 이성적인 대답을 발견한다. 빛은 무엇인가라는 질문에 전자기파라고 하는 대답을 찾은 것이다. 이 대답으로 이들은 인간이 중요한 지식을 소유하게 되었다고 확신했다. 하지만 계몽주의는 1905년 아인슈타인이 경험했던 모순이 등장할 것을 예측하지 못했다. 낭만주의의 옹호자들은 이 가능성을 예측했다. 이들은 계몽주의 이후에 등장했으며, 자연에는 어떤 '양극성의 법칙'이 작동한다고 보았다. 밤과 낮, 남자와 여자, 부분과 전체, 들숨과 날숨, 의식과 무의식이 있으며, 안과 밖이 나란히 존재하며, 생각은 꿈으로 보완된다. 이처럼 양극성의 원칙을 따르는 예들을 계속 떠올릴 수 있을 것이다. 오늘날에는 아날로그와 디지털, 연속과 이산도 있다.

아인슈타인은 이런 낭만주의적 양극성을 빛의 이중성

이란 성질을 해석하면서 경험했으며, 빛의 본성에 대한 과학적 질문에 명료한 해답이 존재하지 않는 데 당황했다. 실험을 통해 이 질문에 답할 수는 없었을까? 이미 알려져 있듯이, 그건 불가능한 일이었다. 빛을 측정하려는 사람은 먼저 연구 가치라는 관점에서 하나를 희생하고 선택해야 했기 때문이다. 즉, 빛의 파장을 연구하거나, 아니면 빛의 결정 같은 것을 얻는 방법 중에서 하나만을 선택해야 했다. 하나의 실험 안에 이 두 가지 모두를 연구하는 방법을 구상할 수는 없었다. 분리된 채 실행되는 측정은 빛과 빛에너지 안에 있는 상보성(양극성, 이중성)을 더 두드러지게 보여주었다.

이렇게 과학 지식에 대한 설명에서 낭만주의의 자리가 허락되어야 했는데, 그 이유는 크게 세 가지다. 첫째, 보이지 않는 빛의 발견은 낭만주의 시대 때 성공했기 때문이다. 둘째, 물체의 낙하처럼 눈에 보이는 과정이 지구의 중력장처럼 보이지 않는 힘으로 설명될 수 있다는 생각이 당시에 수용되었기 때문이다. 마지막으로 셋째, 낭만주의가 이끌어가던 그 시기에 오랫동안 의식되지 않은 채 힘 옆에 있었던 에너지가 마침내 인정받았기 때문이다. 아이작 뉴턴 같은 물리학자들이 활동하던 1700년대에는 사람이 어느 정도 직접 관찰할 수 있는 힘과 운동에 대해 말하기를 여전히 선호했었다. 1800년대에 처음으로 에너지가 물리학에 등장했다. 19세기를 지나면서 에너지는 사회사에서 중요한 요소가 되었으며, 심지어 전체 시대를 이끌어가는 동기가 되었다. 역사가들이 평가했듯이, 이 시기에 에너지는 "세계의 변화"를 일으켰다. 에너지 없이는 현재가 어떻게 지금의 모습이 되었고, 「전도서」 3장 1절처럼 **모든 일들이 알맞은 때**를 어떻게 얻게 되었는지 더는 이해하지 못한다.

'에너지'라는 단어는 아리스토텔레스까지 거슬러 올라간다는 사실을 기억할 필요가 있다. 아리스토텔레스는 에너지라는 실재를 계속해서 '순환'되어야 하는 어떤 것으로 보았다. 우선 모든 것은 가능성의 형태, 혹은 철학에서 말하는 "능력Vermögen에 따라" 존재한다. 아리스토텔레스는 어떤 작용력에 "현실태(에네르기아energeia)"라는 이름을 붙였다. 이 힘의 도움으로 "잠재태res potentia (가능성과 존재 사이에 있는 것)"가 변화하여 경험되는 현실이 될 수 있다. 이 에네르기아가 오늘날 '에너지Energie'라는 단어로 계승되어 존재하며, 사람들은 이 에너지에서 영원한 생명을 위한 쇄신의 원천을 찾는다. 또한 에너지를 **부동의 동자**[4]와 동일시할 수 있다. 아리스토텔레스는 이 부동의 동자를 모든 생성의 시작점에 세웠으며, 이 개념으로 힘이 미치는 범위의 불멸성을 파악하게 했다. 오늘날 잘 알려진 에너지의 변환 능력을 고려하면 오히려 '움직이는 동자'에 대해 말해야 할 것이며, 이 개념은 나중에 다시 다룰 예정이다.

이러한 설명을 통해 1920년대에 등장한, 사물의 상보

4 자신은 움직이거나 변화하지 않으면서 주변의 다른 존재를 움직이고 변화시키는 존재라는 뜻으로 원동자原動者라고도 한다. 아리스토텔레스가 끊임없이 변화하는 현상계의 원리를 설명하기 위해 창안한 개념이다.

적 성격을 드러내는 양자역학의 특성을 이해할 수 있다. 사물은 "가능성에 따라 존재하게 되는" **이중적** 존재로 볼 수 있다. 반면, **하나의** 등장 형식은 언제나 "현실태에 따르는 존재가 아니다." 양자역학은 처음으로 인간이 영향을 미치는 운동 및 변환만 존재하는 생성이론을 시도했는데, 오직 창조 행위와 이에 따른 운동만 존재하는 낭만주의 사조와 철학적으로 잘 맞는다. 양자역학은 방정식을 통해 수학적으로 표현된다. 양자역학 방정식에는 측정값인 숫자가 더는 등장하지 않으며, 대신 관찰자의 개입을 고려하는 연산자가 등장한다. 연산자의 측정 규칙들은 양자세계가 드러나는 방식을 규정한다. 이 양자세계는 아무도 살펴보지 않으면, (말 그대로) 규정되지 않은 채 그냥 머물러 있다. 빛의 파장이나 광자의 위치를 누군가 알려고 하기 전까지 빛의 본성은 정해지지 않은 채 그냥 있다. 누군가 알려고 할 때 빛의 본성은 비로소 처음으로 정해진다. 여기서 그 유명한 사물의 불확정성이 원자라는 무대에 등장하게 된다. 베르너 하이젠베르크Werner

Heisenberg가 1927년에 처음 파악한 불확정성의 원리에 따르면, 원자 안에 있는 전자의 궤도는 인간의 묘사가 있을 때 비로소 존재하게 된다.

이렇게 세계의 가장 깊은 곳에 인간은 직접 도달한다. 이 도달을 낭만주의자들은 추측했었고, 하이젠베르크는 경험할 수 있었다. 1925년 하이젠베르크는 모형을 통해 원자를 묘사할 수 있다는 희망을 포기한 후에 첫 번째 양자이론을 내놓을 수 있었다. 대신 그는 원자를 비추는 빛을 다루는 이론을 구성하려고 노력했다. 하이젠베르크는 에너지가 그대로 유지되는 동안 원자들이 보여주는 변화를 계산하려고 시도했다. 이렇게 하이젠베르크는 에너지 보존 법칙을 고수하였다. 이 덕분에 원자로 가는 길이 열렸고, 그 길에 속한 법칙에 더 가까이 접근할 수 있었다.

모든 경험은 단지 가설에 기초한 지식만 전달한다는 철학자 칼 포퍼Karl Popper의 주장은 과학철학의 기본 관점에 속한다. 연구는 먼저 가설을 세우는 데서 출발한다. 이 가설은 다음에 이어질 실험을 위한 것이다. 실험을 통해 반증 혹은 증명을 하게 되어 가설을 검증할 수 있다. 흥미롭게도 반증이 가설 검증에 특히 더 도움을 준다. 무엇이 맞지 **않는** 것인지를 이제 알게 되기 때문이다. 예컨대 물질이 불에 타면 더 가벼워진다는 가설을 세울 수 있다. 실험으로 이 가정이 반증된 후, 새로운 가설을 시도해 볼 수 있다. 불에 탄 물질의 질량이 증가할 수 있는 원인을 찾기 위함이다.

에너지 보존의 법칙은 이 논리와 방법의 적용을 받지 않는다. 이 법칙을 증명하려고 기계적 운동이 마찰을 통해 열로 변환되는 방식이나, 전압을 통해 전기가 만들어지는 과정을 끊임없이 측정하거나, 에너지 균형을 점검하며 세세한 것을 살펴볼 필요는 없다. 언젠가 반증이 나와 소위 **열역학 제1법칙**이 훼손될까 봐 두려워할 필요도 없다. 말하자면, 에너지 보존에 대한 인식은 경험으로 반증될 수 있는 가정이 아니다. 그보다는 오히려 깊은 이론의 차원에서 나온 법칙이며, 수학적으로 표현되는 자연의 기본 법칙 덕분에 이 이론의 심연이 인간의 정신에 접근할 수 있게 된다. 비록 일반 상식에 속하지는 않지만, 이 자연의 기본 법칙은 1918년 이후 알려졌다. 수학자 에미 뇌터Emmy Noether가 에너지와 같은 물리량의 보존과 물리적 과정 및 법칙의 대칭 사이에 깊은 관련이 있음을 당시에 보여줄 수 있었다. 과학계는 이 놀라운 통찰을 뇌터 정리라고 기념하며, 특별한 업적으로 칭송한다.

이론 물리학자들은 물리학 방정식 연산을 수행한 다음에도 모든 것이 그대로 변함없이 있을 때 이 상태를 대칭이라고 말한다. 예를 들어, 어떤 형태를 거울에 비추었을 때 외형이 바뀌지 않는다면, 이를 거울 대칭이라고 말할 수 있다. 알파벳에서 A와 O는 거울 대칭을 이루지만, R과 P는 거울 대칭이 아니다. 그리고 서머타임을 다시 표준시계로 돌리는 경우처럼, 물리적인 어떤 것을 바꾸지 않고 시간을 바꿀 수 있을 때 이를 '시간 대칭', 더 구체적으로 '시차 대칭Zeitverschiebungssymmetrie'이라고 부른다(또는 더욱 정확하게 '시간 변환 불변성'이라고 할 수도 있겠다). 물리적 시스템들이 시간과 관련된 이런 대칭성을 보여준다는 것은 오늘날 의문의 여지가 없다. 왜냐하면, 측정의 결과는 항상 변화 없이 일정해야 하며(불변성), 측정할 때 사용되는 시계에 따라 달라지면 안 되기 때문이다. 뇌터의 정리 덕분에, 긴장감이 거의 느껴지지 않는 이런 사실과 여기에 속한 대칭에서, 자연에는 계속 유지되고 그렇기에 파괴될 수 없는 어떤 물리량이 있어야 한다는 결론이 나온다. **그 물리량이란 에너지를 의미한다. 에너지는 변화무쌍한 풍성함으로 언제나, 즉 세계와 시간의 시작점부터 있어야만 했다.**

이렇게 에너지와 시간의 분리할 수 없는 밀접한 관계가 분명하게 드러난다. 앞에서도 언급했던 이 관계는 실제 엄청나게 넓은 범위에 적용된다. 시간은 먼저 에너지 전체를 (변함없이) 붙잡고 있다. 반대로 에너지는 지역적으로 고도의 양을 사용함으로써 시간을 바꿀 수 있다. 아인슈타인의 상대성이론에서 이런 관계가 드러나며, 이에 대해서는 다음 장에서 다룰 예정이다. 에너지와 시간이 어떻게 분리될 수 없는지는 그 '효율'을 관찰하면 확실히 드러난다. 물리학자들은 이 효율을 에너지와 시간의 생산물이라고 부르는데, 이미 17세기 물리학자들은 이 효율성을 보면서 자연은 최소 효율의 원칙에 따라 움직인다고 말할 수 있었다. 빗방울이 떨어지거나 창이 날아가는 운동 모두 물리적 소비를 최소화하면서 작동한다. 다만 어떻게 이 사물들이 최소 효율로 조정되고 자연에 맞는 자신의 길을 찾을 수 있는지는 누구도 말할 수 없다. 원자 영역에서는 플랑크 상수가 지배한다. 에너지 혼자 끊임없이 변하여 세계를 양자화하는 게 아니라, 양자화는 시간과 에너지에서 나오는 생산물이라는 의미다. 이렇게 시간과 에너지는 서로 대립하면서 유지되는데, 어떤 원자의 에너지를 빛으로 바꾸는 양자도약은 시간이 필요하다는 것을 최근의 실험들이 보여준다.

괴테의 파우스트 박사가 오늘날 물리학자에게, 가장 깊은 곳에서 세계를 묶어두고 있는 것이 무엇이냐고 묻는다면, 모든 변화는 스스로 충동해야 하는 양자도약이 필요하다고 대답할 것이다. 플랑크 상수는 원자의 안정성을 관리하고, 그리하여 인간이 참여하는 세계의 안정성을 돌본다. 괴테가 『파우스트』를 집필할 때, 이런 비밀스러운 대답이 나올 가능성은 없었다. 왜냐하면 당시에는 지식인들도 마법에 몰두했기 때문이다. 이 주제에 대한 최신 양자 물리학의 세세한 내용을 탐구해 본 사람은 여전히 이곳에서는 마법이 수행된다는 인상을 받는다. 그러나 과학이 그사이에 '얼마나 훌륭하고 멀리까지' 마법을 가져왔는지를 간과해서는 안 될 것이다.

괴테 시대에 물리학자들은 사물의 낙하와 관련 있는 중력만 알고 있었음을 기억하자. 『파우스트Faust』 2부가 완성되었을 때, 비로소 물리학자들은 전기장과 자기장에 존재하는 힘의 효력을 이해하게 되었으며, 이 힘을 나중에 전자기력이라고 부르게 된다. 오늘날에야 과학은 두 가지 상호작용을 더 알게 되었는데, "약력"과 "강력"이라 불리는 이 상호작용은 그 힘이 미치는 범위가 매우 제한되어 있기 때문에 오랫동안 알려지지 않은 채 숨어 있을 수 있었다. 중력과 전자기력은 행성을 회전시키고 지침을 정렬시키며 전 세계에서 발견된다. 반면, 강한 상호작용(강력)과 약한 상호작용(약력)은 원자 범위를 벗어나지 않는다. 여기서 강력은 사물의 가장 깊은 곳에서, 즉 원자핵 안에서 세계를 결합시키며, "쿼크Quark"[5]라는 특이한 이름으로 불리는 놀라운 구조 덕분에 그 힘을 발휘한다. 대중 서적에서는 원자핵을 '양성자'와 '중성자'로 불리는 핵입자들이 핵 안을 떠돌아다니는 단순한 그림으로 보여준다. 그런데 사실 이 입자들은 다시 '쿼크'라고 명명된 입자들로

---

5 쿼크는 우리 우주를 구성하는 가장 근본적인 입자다(원자핵을 구성하는 양성자와 중성자는 쿼크가 모여서 만들어진 입자다). 쿼크는 글루온이라고 하는 매개 역할을 하는 입자 때문에 서로 뭉쳐 다니는 특성이 있다. 쿼크를 떼어내려고 하면 쿼크 사이에 작용하는 붙어 있으려는 힘이 강해지는데 그래도 억지로 떼어내려고 하면 글루온이 늘어지다가 분리되는 것이 아니라 새 쿼크를 생성해 버린다. 하지만 반대로 고 에너지를 줘서 강하게 압축시키면 쿼크와 글루온이 분리된다. 쿼크와 글루온이 분리된 상태를 '쿼크 글루온 플라즈마'라고 하며 초기 우주 연구의 열쇠로 불린다. 왜냐하면 쿼크가 가장 근본적인 기본 입자라는 것은 빅뱅이 일어난 후에 처음으로 만들어진 물질이라는 뜻이고 그렇다면 쿼크가 생기기 전은 쿼크 글루온 플라즈마 상태라고 할 수 있기 때문이다.

구성되어 있다. 쿼크와 핵입자 사이에는 강한 상호작용이 있어 '접착한다.' 이를 물리학자들은 글루온 필드Gluon Field에 있는 쿼크들로 핵입자들이 둘러싸여 있다고 표현한다. 글루온이라는 이름에는 접착제를 의미하는 영어 낱말 'glue'가 들어 있는데, 접착제처럼 쿼크가 서로 붙어 있게 하는 작용을 한다. 쿼크를 떼어내려 할수록 글루온의 강력은 더 강해지며 높은 에너지와 압력을 가해야 약해져 분리할 수 있다. 이 규칙으로 세계의 가장 깊숙한 곳에 무언가 존재함을 알게 되었다. 쿼크가 서로 떨어진 상태를 물리학자들은 "쿼크 글루온 플라즈마"라고 부르는데, 흔히 부드러운 죽과 같은 상태로 상상하려고 한다. 표면적으로는 단순하게 들리지만, 깊은 차원에서는 완전히 다른 의미를 띤다. 쿼크와 글루온은 물리적 입자라기보다는 쿼크 글루온 플라즈마를 서술하는 방정식의 해로 생각해야 한다. 이것은 "체화된 생각들embodied ideas"이며, 물질화된 정신이다. 세계의 가장 깊은 곳에서 인간들은 이렇게 자기 자신의 작품을 만난다. 그 작품은 (수학적) 형식을 갖추고 있으며, 그 작품을 통해 그곳에서 작동하는 에너지를 이해한다. 쿼크 글루온 플라즈마는 일부를 떼어내어 사람들에게 나누어 줄 수 있는 그런 물질이 아니다. 그보다는 오히려 풍부한 환상에서 나오는 추론을 통해 인간들이 관여할 수 있게 된 원초적 현상이다. 아마 괴테라면 그 대답을 아름다운 시로 표현했을 것이다.

약한 핵력은 강한 상호작용보다도 훨씬 더 흥미롭다. 약한 핵력은 선택된 원자들을 붕괴하게 만들어 태양이 에너지를 전달할 수 있는 반응을 진행할 수 있게 해준다. 그 밖에도 약력은 양성자에서 중성자로의 필수적인 변환을 느리게 진행시켜 태양이 지구 생명체들에게 수십억 년 동안 에너지를 공급할 수 있게 하는 데 성공했다. 그러나, 과학의 대중적 설명에서 느끼는 즐거움 속에서도 조심스럽게 단어를 사용하고 그 의미에 신중하게 접근할 필요가 있다. 예전에는 물질은 원자로 구성되며, 원자핵은 기본 입자들로 이루어져 있다고 당연하게 여겼었다. 그러나, 원자 혹은 기본 입자들은 인간이 무언가를 만드는 데 소재로 쓸 수 있는 돌멩이 같은 것이 결코 아님을 오늘날 사람들은 알고 있다. 세계의 사물을 연구하고 그 안에 들어가 본 사람은 언젠가는 원자에 적용되는 힘과 작용을 만나게 된다. 그러나 원자 그 자체는 어떤 외형을 갖추고 있는 사물이 더는 아니다. 원자보다 더 작은 모든 것들도 마찬가지다. 물리학자들이 이러한 인식에 도달했을 때, 그들은 앞에서 언급했던 것을 알게 되었다. 자신들이 탐구하고 작업하는 과학은 자연을 묘사하는 게 아니라 인간이 자연에 대해 갖고 있는 지식을 서술하는 일이다. 이것은 매우 중요하다.

중요한 게 하나 더 있다. '입자'라는 단어는 쉽게 이해될 수 있는 개념처럼 들리지만, 물리학자들은 입자를 시간과 공간으로 짠 그물 안에 존재하는 회전으로 이해한다. 회전에는 두 방향이 있다. 이 양면성이 불러오는 것을 물리학자들은 하나의 매개변수로 이해하려고 했는데, 그들은 이를 "스핀"이라고 부른다. 이런 개념은 고전 물리학에서는 낯선 것이다. 스핀은 플랑크 상수에 의해 결정된다. 그리고 이때 다시 이분화가 등장한다. 이 이분화를 보면서 물리학자 볼프강 파울리Wolfgang Pauli는 이 중단 없는 의심 속에는 미친한 사람들에게 끊임없이 답변을 요구하는 악마가 숨어 있는 건 아닐까 생각했다. 파울리는 물리학자들에게 전자는 반정수 1/2 스핀 수를, 광자는 정수 1 크기의 스핀 수를 갖는다고 넌지시 알려주었다. 단순하게 들리는 이 숫자들은 심대한 영향을 미쳤다. 말하자면, 스핀과 작은 입자들의 통계적 활동 사이에 존재하는 이 특이한 연관 관계는 물리학이 얻은 기묘한 통찰 가운데 하나다. 정수 스핀을 갖고 있는 광자는 대량으로 등장하며, 그 덕분에 예를 들어 광선에서 눈에 보이는 파동 운동을 계속할 수 있다. 이와 반대로, 전자처럼 반정수 스핀값을 갖는 입자들은 홀로 각자의 길을 따라 원자핵 주위를 맴도는데, 화학 결합에 성공하기 위해서다. 전자들은 전기로 흐를 때, 결정격자를 통해 홀로 움직인다. 이 흐름은 많은 충돌과 충돌을 통한 저항을 가져온다. 물리학자들은 이 저항을 측정할 수 있으며, 이 저항을 극복하려면 전압 에너지가 필요하다. 금속을 충분히 차게 만들면, 이 격자는 같은 전하임에도 결합하는 두 개의 전자를 불러올 수 있다. 여기서 정수 스핀을 가진 전자쌍들이 생겨나며, 이들은 대량으로 움직이면서 저항 없이 전류를 전달할 수 있다. 물리학은 이를 초전도성이라 부른다. 충분히 경탄할 만한 현상이다.

한 번 더 반복하면, 입자에너지가 복사를 통해 변환하여 여행을 떠날 때 전자를 가진 원자와 광자를 가진 빛은 비밀을 드러내고, 마법과 같은 일을 한다. 이 과정에서 아무것도 손실되지 않았다는 점에 또 한 번 놀라고, 지구에 있는 빛이 자신의 에너지를 식물에 전달하는 과정에 경탄할 수도 있다. 식물은 빛의 도움으로 생명에 중요한 분자, 예를 들어 당분 같은 것을 만들 수 있다. 빛에너지의 변환에는 분자 구조들이 참여하며, 이 분자 가운데 하나가 "클로로필Chlorophyll"이다. 흔히 클로로필을 '엽록소'라고도 부르는데, 자연의 많은 녹색을 클로로필이 담당하기 때문이다. 엽록소가 빛을 흡수함으로써 전자기에너지는 화학 에너지로 변환되는데, 이 변환에는 엽록소보다 큰 분자들이 참여하며, 이 분자들의 집합을 '광수집 복합체'와 '광합성 반응센터'라고 부른다. 이 분자들은 "양자얽힘"이라고 부르는 현상의 도움으로 작동한다. 양자얽힘은 원래 원자의 이론적 양자 세계에서 통용되는 개념이었고 아무런 시간 지체 없이, 즉 동시에 같은 상태를 취할 수 있는 양자들의 상호 영향을 의미하며, 실험으로 관찰될 수 있는 현상이다. 한때 결합되었다가 분리된 양자 두 개 가운데 하나가 변화되었다면, 다른 양자에서도 같은 변화가 일어난다. 두 번째 양자의 변화를 위해 어떤 일도, 예를 들어 에너지 전달과 같은 일도 할 필요가 없다. 실제로는 믿기 힘든 사실이지만, 양자 물질들은 얽혀 있다. 아마도 이 얽힘은, 원자 세계에서의 현실은 어떤 전체로서 드러난다는 상상을 통해서만 이해될 수 있을 것이다. 인간들은 전자나 원자 같은 부분들을 발견하지만, 이 부분들은 단지 인간의 언어 안에서만 분리된 채 존재한다. 이 부분들에 대해 논의하기 위해 이름을 붙였을 뿐이다. 실제로, 예를 들어 전자와 광자는 얽힌 단일체를 이룬다. 또한 최근의 광합성 연구는 대단히 놀라운 것을 보여주는데, 엽록소를 갖고 있는 광수집 복합체는 엽록소에 들어 있는 광자들과 얽혀 어떤 영원한 전체에 빛을 수용함으로써 자신의 효능을 극대화한다. 태양에서 지구로 떨어지는 에너지가 온전히 효력을 펼칠 수 있게 빛과 생명은 믿을 수 없을 만큼 폭넓게 서로 연결되어 있다.

· CHAPTER 2 ·

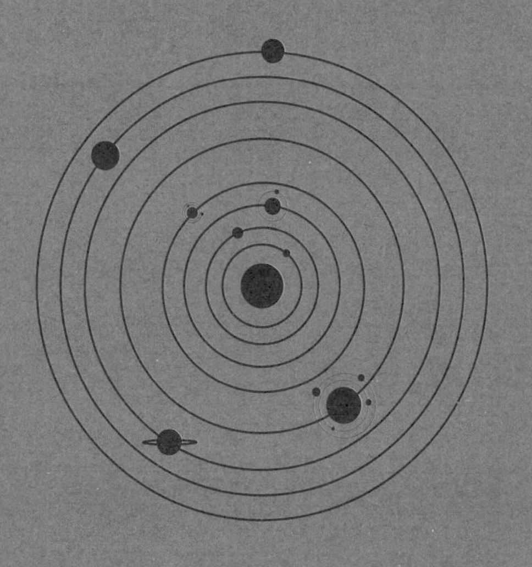

우주 속의 지구

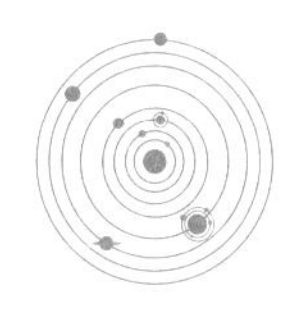

땅에서 하늘을 바라보면, 인류가 역사의 흐름 속에서 이 세계를 둘로 구분한 까닭을 쉽게 이해할 수 있다. 인류는 인간들이 사는 여기 아래와 신들이 거주하는 저기 위로 구분했다. 이를 '이승'과 '저승'이라 부르기도 한다. 아리스토텔레스도 이 둘 사이를 정확히 구분했다. 달 바깥쪽에 있는 저 높은 세계와 달 아래에 있는 이쪽 영역을 구분했으며, 이 두 영역에는 서로 다른 법칙이 작동한다고 보았다. 인간 혹은 육체가 지상에서 움직일 때, 이 움직임을 이끌어내는 물리적 힘이 작동해야 했다. 이 힘들이 어떻게 생겨나는지 아리스토텔레스는 상세하게 말할 수 없었고, 그 물리량을 이해하지도 못했다. 아리스토텔레스는 망원경도 운동 법칙도 몰랐지만, 자신의 눈으로 직접 관찰할 수 있는, 궤도를 따라 돌고 있는 하늘의 행성들이 더 높은 법칙을 따르고, 그렇기에 신들이 마련해 준 동그란 원(구)을 만들면서 움직인다고 확신했다. 중세에 단테Dante Alighieri 같은 인물이 이 천구라는 개념을 받아들였다. 단테는 이 개념을 자신의 『신곡La Divina Commedia』에 그리스도교적으로 수용했으며, 행성들을 둘러싼 구 모형의 껍질 위에 유리 같은 하늘을 또 설치했다. 이 모형에서 사람들은 모든 것을 움직이게 했던 세계의 첫 번째 운동자, "원동자Primum Mobile"를 생각했다(그리고 오늘날 사람들은 이를 에너지와 동일시할 수 있다). 이런 지구 중심 세계관에서는 지구가 가운데 위치하며, 태양계가 지구 주위를 돈다. 이 모형은 우리 눈에 보이는 것과 일치한다. 인간은 아침에 빛을 기다리고 저녁에 빛과 이별하기 때문이다. 코페르니쿠스Kopernikus가 15세기에 『천구의 회전에 관하여De revolutionibus orbium coelestium』에서 묘사한 내용, 즉 태양은 뜨고 지는 게 아니라 가만히 있으며 대신 지구가 태양 주위를 돈다는 주장을 당시에 받아들이는 게 그리 어렵지 않았을 것이다. 이 책에서도 행성들은 여전히 스스로 움직이지 않으며, 행성들이 붙어 있는 천구가 움직이기 때문이다.

코페르니쿠스는 자신이 주장한 태양 중심설의 증거를 제시하지 못했다. 그가 태양을 특별히 중심에 둔 이유는 고대의 지식을 진지하게 수용했기 때문이다. 그 지식이란 태양은 지구보다 훨씬 커서 움직이기가 더 어려울 것이라는 추측을 말한다. 19세기 중반 이후 정교한 광학 도구들이 등장하면서 이 새로운 그림이 지구 중심 세계관보다 뛰어나다는 것을 보여주었다. 그러므로 코페르니쿠스의 지동설이 당시 사람들을 분노하게 했다고 생각해서는 안 된다. 반대로 코페르니쿠스의 제안은 많은 사람의 마음에 들었다. 자신들을 격려하며 용감하게 신적인 것에 더 가까이 데려간다고 생각했던 것이다.

오늘날 **코페르니쿠스적 변환**이나 **혁명**을 말하려면, 이마누엘 칸트Immanuel Kant의 변환을 살펴봐야 한다. 칸트는 여기서 코페르니쿠스가 도입했던 지구의 두 번째 회전에 대해 생각했다. 첫 번째 회전은 태양 주위를 돌며 1년이 걸리는 반면, 두 번째 회전은 지구가 자신을 축으로 회전한다. 이 지구의 자전은 낮과 밤을 만든다. 칸트는 별들을 가만히 두었다. 하늘에서의 운동은 땅에 있는 인간의 운동으로 설명할 수 있다고 생각했던 것이다. 칸트는 이 생각으로 형이상학의 코페르니쿠스적 혁명을 완성했다. 칸트의 형이상학에 따르면, 인간은 자연을 분석하기 위해 자연에 법칙을 부여할 수 있다.

칸트가 성취한 이 혁명으로 코페르니쿠스가 지동설을 통해 세상 만물의 중심에서 퇴장시키려고 했던 인간은 다시 무대 중앙에 등장하게 되었다. 그사이 세상은 아이작 뉴턴Isaac Newton이 1687년에 자신의 놀라운 책, 『자연철학의 수학적 원리Philosophiae naturalis Principia mathematica』('프린키피아(원리)'라고도 불린다)에서 제시했던 법칙에 따라 흘러갔다. 이 책에서 뉴턴은 나중에 '뉴턴의 시계'로 유명해진 세계관을 구상했다. 그러나 그 이후 계산 가능한 세계 모델을 위한 정확한 시계 장치라는 생각은 폐기되었으며, 그 자리에 흐릿한 구름 같은 그림이 들어왔다. 우주에서도 물리학의 법칙은 당연히 적용되지만, 순간적인 생성 형태는 예측할 수가 없는데, 하늘의 움직임은 너무 복잡하고, 극단적으로 분리된 채 진행되며, 너무 많은 조각이 참여하기 때문이다.

한편, 뉴턴은 겸손하게 자신의 능력이 보잘것없다고 생각했는데, 여전히 탐구되지 않은 대양을 앞에 두고 해변에서 조개를 보며 기뻐하는 소년과 같다고 스스로 평가했다. 특이하게도 이 상황은 크게 변하지 않아서 인류는 아직도 깊은 바다보다는 별에 더 열중하고 있다. 수십 명의 사람이 달에 다녀왔고 화성은 착륙지로 줄곧 언급되지만, 바다 깊은 곳에 관한 연구는 손에 꼽을 정도로만 수행되었다. 이는 인간이 여전히 어둠에 두려움을 가지고 있기 때문이다.

뉴턴으로 돌아가자. 그의 책 『프린키피아』는 흔히 자연과학에 가장 큰 영향을 준 책이라 불린다. 전체 문화와 특별히 철학에 미친 영향도 무시해서는 안 된다. 이 책에서 뉴턴은 중력을 우주의 중요한 변수로 도입한다. 이 변수에 기초하여 질량이 있는 두 물체 사이에서 작용하는 힘, 예를 들면 지구와 태양 사이의 힘을 계산할 수 있으며, 심지어 17세기에 요하네스 케플러Johannes Kepler가 제시했던 행성 운동의 법칙도 추론할 수 있었다. 여기서 특히 케플러의 제1법칙이 중요하다. 케플러는 관찰 자료를 신중하게 수학적으로 분석하여 화성이 원보다는 타원 궤도를 그리며 움직인다는 증거를 찾는 데 성공했다. "행성의 공전궤도는 타원이다." 이 법칙은 평범해 보이고, 그 궤도의 차이 또한 아주 작지만, 인간의 사고를 크게 바꾸어 놓았다. 혁명적이라던 코페르니쿠스조차도 여전히 신이 만든 원 모양을 생각했고, 하늘 저편에 있는 행성들의 활동을 설명할 수 있는 법칙을 찾을 근거도 가능성도 발견하지 못했다. 그러나 케플러가 타원을 만난 후, 상황은 완전히 바뀌었으며 천문학의 진정한 혁명이 시작된다. 신은 원을 창조했을 뿐 타원은 만들지 않았다. 타원이라는 형태는 설명되어야 한다. 그것도 초월적 가치가 아닌 사물 자체에서 나온 내면적 가치로 해명되어야 한다. 그리고 마침내 1678년에 뉴턴이 자신의 중력 법칙을 만들면서 이를 설명할 수 있었다.

지식인 세계는 당연히 이 증명에 큰 자극과 충격을 받았다. 예를 들어, 칸트는 뉴턴의 물리학을 증명이 필요 없는 원래부터 존재했던 **선험적**a priori 진리라고 칭송했다. 또한, 뉴턴이 『프린키피아』에서 생각하고 제시했던 공간과 시간 개념을 수용했다. 칸트는 시간과 공간을 어떤 관찰자뿐만 아니라 그 안에 관련된 모든 사물로부터도 독립된 절대 단위로 이해했던 것이다. 여기서 사람들은 이 두 가지 절대 영역을 당연히 서로 독립된 것으로 여겼으며, 시간은 일정한 속도로 공간 속에서 흘러가는 것으로 생각했다. 뉴턴 역학은 큰 성공을 거두었는데, 이 역학의 도움으로 지구에 있는 많은 현상을 이해할 수 있었기 때문이다. 밀물과 썰물의 교대 운동, 그리고 18세기에 세계 탐사를 통해 확인된 완벽한 구형에서 벗어난 지구 모양이 대표적인 예다. 지구는 극반지름이 적도 반지름보다 약 0.3% 짧다. 우주에서 맨눈으로는 전혀 알아차릴 수 없지만, 약 21km 정도 차이가 난다. 18세기 후반에 그 측정 결과가 알려졌을 때 사람들은 큰 충격을 받았다. 뉴턴 역학은 그 안에 들어 있는 법칙과 힘으로 전체 세계를 분명하게 해명할 수 있었다. 얼마 지나지 않아 사람들은 두려워하기 시작했다. 이 법칙들이 인간에게도 적용되고 인간의 삶도 규정하지 않겠냐는 무서움이 생겼던 것이다. 이런 두려움이 처음에는 매우 놀랍게 들린다. 그러나 문예학의 연구에 따르면 "고전 계몽주의와 뉴턴 숭배의 정점", 즉 18세기 중반에 "뉴턴 관점에서 나온 전체주의적 요구에 대한 응답으로서 환상 문학"이 유행했다. 노발리스Novalis와 에른스트 호프만Ernst Theodor Amadeus Hoffmann 같은 작가들은 하늘을 설명하는 뉴턴의 법칙에 대항하는 비밀을 인간의 내면에서 찾으려 했다. 이들은, 노발리스의 표현대로 "내면의 우주"를 창조했고, 이 내면의 우주 속에 들어 있는 사적 무한성을 과학적 우주의 공적 무한성 옆에 나란히 세웠다.

타원 지구의 편평률을 찾기 위한 탐사와 함께 지구는

자연과학의 시야에 모습을 드러냈다. 17세기 이후 몇몇 용감한 연구자들이 지구 나이에 대한 성서의 시간 단위에 의문을 제기하면서 지리적 정보들을 더 많이 관찰하기 시작했다. 덴마크의 자연연구자 닐스 스텐슨Niels Stensen은 처음으로 암석층을 지적하면서 가장 아래에 있는 층이 가장 오래된 층이라고 추측했다. 조심스러운 발굴을 통해 다양한 지층에서 생명체의 잔재(화석)들이 드러났다. 뉴턴과 같은 시대를 살았던 로버트 훅Robert Hooke은 각각의 지층에서 나오는 이런 다양한 화석에서 이전 지질 시대를 지배했던 환경과 생명의 조건 변화를 추측할 수 있다고 생각했다. 이런 발굴을 통해 점점 더 긴 시간을 덧붙일 수 있었고 지질학자들은 수십억 년에 도달하게 되었다. 교과서들은 지구와 태양계가 약 45억 년 전부터 있었다고 확언한다. 이 정보에 놀라운 정보가 또 하나 추가된다. 생명체는 지구 탄생 후 얼마 후에 생겨났다. 약 40억 년 전에 첫 번째 흔적을 남겼다. 인간은 후기 지질 시대의 발전 과정에서 등장했으며, 지질학자들은 몇백만 년 전에 시작된 이 시기를 신생대라고 부른다. 최근 연구들은 약 30만 년 전에 세상의 빛을 보았던 이 **호모 사피엔스**야말로 지구와 대기의 흐름에 가장 큰 영향을 미치고 있다고 말한다. 그래서, 지질학적 현대를 인류세Anthropocene라고 부르자고 제안한다. 인류세의 시작은 20세기 중반이며, 특히 원자폭탄의 투하와 관련된다. 인류세에 인간들은 산업화와 도시화를 통해 새로운 환경을 창조하고, 이를 통해 기후변동을 일으키며 환경에 큰 부담을 주고 있다. 한 가지 기쁜 소식은, 생명이 언제나 새로운 환경에 빠르게 적응할 수 있다는 점이다.

지구의 나이를 이야기할 때는 아일랜드 출신 성공회 신학자이자 주교였던 제임스 우셔James Ussher를 언급해야 한다. 우셔 주교는 성서에 나오는 나이들을 다 더하여 하느님이 지구를 창조했던 해를 말할 수 있다고 생각했는데, 이 덧셈을 통해 그는 기원전 4004년에 도달했다. 이 결과와 더불어 그는 정확한 창조 날짜도 정할 수 있다는 용감한 생각을 했다. 그날은 10월 23일이었다고 한다. 그

다음 당연히 일어나야 하는 일이 일어났다. 우셔와 같은 시대에 살았던 한 사람은 창조의 시간까지 알고 싶어 했으며, 마침내 정확한 시간을 제시했다. 하느님은 아침 9시에 지구를 창조하셨다.

찰스 다윈Charles Darwin이 19세기, 자신의 탐사 여행 때 지니고 있던 성서에도 바로 앞에 언급된 세계와 인간 창조의 날짜가 적혀 있었다. 다윈은 이런 정보를 제시했던 신학적 자연 연구가 얼마나 터무니없는지를 특별히 보여주려고 했다. 특히 지나친 정확성은 심각한 문제일 수도 있다. 결국, 낡은 형식의 자연학은 신학자의 손을 떠나 자연연구자들에게 맡겨졌다. 이 자연연구자들은 곧 '자연과학자'라는 이름을 얻었고 세계를 구성하기 시작했다.

자연과학자들이 과거 시간에 대한 정확한 정보를 제공하기까지 많은 시간이 걸렸다. 그동안 물리학자들은 방사능 연구에 집중했다. 원자가 붕괴되면서 에너지를 방사선 형태로 방출하게 되는데, 이것을 방사능이라고 한다. 1905년에 원자의 방사능 붕괴를 지질학의 시계로 도입하자는 제안이 나왔다. 이것이 가능한 이유는 이 붕괴의 과정이 반감기라는 특징을 갖고 있기 때문이다. 개별 변환의 정확한 시간을 규정하는 것은 불가능하다. 그러나 방사선을 방출하는 원소(그들의 동위 원소)는 소위 반감기 동안 그 질량의 절반을 변환시킨다. 이 반감기로 견본의 나이를 측정할 수 있다.

방사능이 처음 측정되던 시기에 물리학자 하인리히 헤르츠는 제임스 클러크 맥스웰이 예측했던 전자기파를 생성하는 데 성공했다. 헤르츠의 파동은 맥스웰 방정식이 실제 빛을 올바르게 묘사했음을 증명해 주었다. 이 빛의 파동성에 아인슈타인은 「움직이는 물체의 전기 역학에 관하여On the Electrodynamics of Moving Bodies」에서 언급했던 빛의 입자성을 추가했다. 이 추가가 물리학을 근본적으로 바꾸어 놓았다. 맥스웰의 방정식들이 제공하는 '전기역학'은 뉴턴 역학 옆에 나란히 서서 고전 물리학이라는 자랑스러운 건물을 함께 떠받쳤다. 그러나 이 두 개의 기둥은 서로 맞지 않았다. 맥스웰 방정식에서는 빛의 속도가 하나의 상수로 등장하기 때문이다. 뉴턴 역학에서 이건 있을 수 없는 일이었다. 맥스웰과 뉴턴을 화해시켜 물리학이라는 건물의 붕괴를 막고 이 모순을 해결하고 싶었던 아인슈타인에게는 오직 하나의 방법만 있었다. 아인슈타인은 시간과 공간이라는 기본 단위에 손을 대야 했다. 이 두 단위의 절대적 특성을 희생시키면서 이 둘을 서로 연결해야 했던 것이다. 아인슈타인은 이를 통해 결국 엄청난 일을 완성했으며, 오늘날 이 성공을 상대성이론이라고 부른다.

상대성이란 시간과 공간이 서로 종속됨을 의미한다. 아인슈타인은 우주 안에서 공간과 시간은 홀로 존재하는 게 아니라 서로 연결되어 4차원의 시공간을 만들며, 이것을 우주로 이해하자고 제안한다. 이런 시공간 개념을 진심으로 이해하기 위해서는 별이 빛나는 밤하늘을 보면서 지금 눈에 들어오는 빛이 목적지에 도달하기 위해 많은 시간이 필요했음을 이해해야 한다. 공간을 보는 일은 언제나 또한 시간을 보는 일이며, 이는 인간이 거주하고 관찰하는 우주를 시공간으로 만드는 일이다.

아인슈타인의 착상에 모두가 동의한 것은 아니었지만, 그를 직접 지지했던 한 물리학자가 있었다. 그가 바로 막스 플랑크다. 플랑크는 심지어 아인슈타인을 두고 자신의 시대가 새로운 코페르니쿠스를 발견했다고까지 말했다. 두 사람은 제1차 세계대전 시기에 베를린에서 함께 일했다. 1915년 아인슈타인은 그곳에서 특수상대성이론의 첫 번째 확장판을 제시했는데, 이 확장판을 일반상대성이론이라고 부른다. 일반상대성이론을 이해하고 싶은 사람은 몇 가지 깊은 숙고를 해야 했다. 1905년에 아인슈타인은 공간과 시간이 서로에 속해 있음을 통해 그 유명한 에너지와 질량의 등가성을 도출했다. 10년 후에는 질량과 공간의 상대성이 지닌 의미를 보여주었는데, 공간의 모습이 그 안에 존재하는 물질에 달려 있다는 것이다. 비어 있는 공간에서는 직선적인 유클리드 기하학이 유효하다. 즉, 빈 공간에서 두 개의 평행선은 절대 만나지 않는다. 반면 태양 정도 질량의 물질이 존재하는 공간은 구의 표면처럼 굽어진다. 구 위에 하나의 지점, 예를 들어 지구 적도 위에 평행한 두 개의 선이 있다고 했을 때 이 선은 극점에서 만나게 된다. 그리고 아인슈타인은 인간이 유한한 동시에 무한한 공간에 살고 있음을 보여줌으로써 이 굽은 세상을 더욱 매혹적으로 제시했다. 인간은 무한한 공허와 갇혀 있음에 대한 두려움을 동시에 갖고 있으므로, 아인슈타인은 이 두 가지 두려움을 인정하면서 인간적인 차원을 가진 우주를 제공한 것이다.

그 밖에도 아인슈타인은 많은 것을 성취했다. 이를테면 시간을 공간에, 공간을 물질에 그리고 물질을 에너지에 결합시켰다. 아인슈타인을 통해 시간에서 에너지에 이르는 모든 것이 그 기능과 함께 한 번에 서로 밀접하게 연결되면서 완전히 새로운 세계관이 탄생했다. 아인슈타인 이전 사람들은 모든 사물이 (그 사물들의 질량과 에너지가) 공간과 시간에서 사라지면, 빈 공간만 남는다고 생각했었다. 그러나 아인슈타인 이후에는 그의 상대성이론 덕분에 모든 사물이 공간과 시간에서 사라지면, 공간과 시간도 함께 사라지면서 오직 한 점만 남는다는 것을 알게 되었다. 이런 관점의 변화로 사람들은 세계 또한 이런 크기가 없는 구조물에서 생성될 수 있음을 알게 된다. 그리고 그사이에 우주학자들은 창조의 이 순간을 정확하게 파악할 수 있다고 생각하게 되었다. 1927년 이후 우주학자들은 '태초의 폭발', 영어로는 '빅뱅Big Bang'을 이야기한다. 빅뱅이론의 시초는 조르주 르메트르Georges Lemaître라는 성직자가 제안했던 '원시원자'이론이다. 르메트르는 우주가 하나의 '원시원자'에서 시작되었다고 주장했는데, 당연히 그는 이 태초 원자를 하느님의 손에 놓아드렸다.

아인슈타인이 일반상대성이론을 생각하고(1915년), 르메트르가 성서의 명령 "빛이 되어라!"를 물리적으로 이해하면서 우주가 확장 생성된다는 비범한 착상을 하던 시기(1927년) 사이에 천문학자 에드윈 허블Edwin Hubble도 대단한 발견을 했다. 바로 우리 은하 너머 아주 먼 곳까지의 거리를 측정할 수 있게 된 것이다. 1924년에 허블은 안드로

메다 성운은 은하수 바깥에 있으며 다른 은하라고 확언했다. 곧이어 허블과 다른 천문학자들은 다른 은하들도 발견하였으며, 어느덧 1000억 개가 넘는 은하를 알게 되었다. 그러나 여전히 맨눈으로는 검은 밤하늘에서 수천 개의 별만 볼 수 있을 뿐이다.

1929년에 먼 성단들을 측정하면서 지구로부터 더 멀리 떨어져 있는 은하들이 점점 더 빨리 지구에서 멀어지고 있음을 추가로 알게 되었다. 허블은 속도와 거리 사이의 선형적 관계를 연구했었는데, 여기서 바로 우주는 처음에 하나의 점에서 생성되어 그 후 확장하고 있다는 생각이 유도되었다. 이 생각이 확인되면서 르메트르의 작업이 주목받게 되었다. 비록 방법은 달랐지만, 르메트르는 이미 같은 결론에 도달해 있었던 것이다. 르메트르의 원시원자는 아직 빅뱅이 아니었으며, 오늘날 같은 형태의 빅뱅은 1948년에 등장했다. 대단히 비인간적인 원자폭탄의 폭발이 제2차 세계대전 이후 빅뱅이라는 생각을 수용하는 데 어느 정도 기여했음은 부인할 수 없을 것이다. 세계 곳곳에 사진으로 퍼졌던 폭발 모습은 그만큼 강렬했기 때문이다. 러시아 물리학자 조지 가모프Georg Gamow가 당시에 빅뱅을 설명할 수 있었다. 많은 과제를 다루고 있던 가모프는 특히 화학 원소들이 별에서 어떻게 합성되는지에 관심이 깊었다. 무거운 원소들이 뜨거운 태초의 폭발에서 생성되었음을 발견했을 때, 최초 빛에너지의 일부가 우주에 여전히 존재해야 함을 가모프는 알게 되었는데, 바로 우주배경복사를 예측한 것이다. 우주배경복사는 마이크로파 영역에서 관측할 수 있을 것으로 예측했는데, 실제 1964년에 발견하였다.

이런 방법들로 우주를 더 잘 이해하게 되고, 우주가 더 커지게 되었을 때, 지구에 대한 탐사도 시작되었다. 1920년대에 그린란드를 연구하던 알프레트 베게너Alfred Wegener는 자신의 책 『대륙과 해양의 기원Die Entstehung der Kontinente und Ozeane』에서 하나의 개념을 발표한다. 이 개념은 원래 베게너가 1912년에 처음 제안했었지만 그때까지 누구도 주목하지 않았는데, 지표면이 움직여서 새롭게 자리 잡을 수 있는 판들로 구성되어 있다는 것이다. 대륙이동설이라는 이름을 얻은 이 생각은 지구 내부의 역동적인 생성을 다루며, '판구조론'이라는 형태로 많은 현상을 설명할 수 있어 오늘날 큰 호응을 받고 있다. 베게너의 생각은 아프리카와 남아메리카의 해안선이 눈에 띄게 서로 맞는다는 관찰에서 출발했다. 이런 상보적 형태는 알게 되었지만, 어떤 지질학자도, 베게너 자신조차도 대륙의 일부를 움직이게 하는 어떤 힘을 상상하지는 못했다. 오늘날에도 이 문제에 대해서는 100여 년 전보다 훨씬 더 많은 질문이 제기된다. 그럼에도 베게너의 개념이 근본적으로 타당하다는 데 누구도 의문을 제기하지 않는다.

수억 년 전에 존재하던 판게아라는 초대륙이 맨틀의 다양한 두께와 열 차이에서 생겨나는 대류열에 의해 어떻게 쪼개질 수 있었는지, 오늘날 사람들은 더 자세히 이해하고 있다. 먼저 지각이라고 부르는 약 100km 두께의 가장 상층부가 쪼개졌다. 이 쪼개진 지각이 지괴가 되어 이동하게 되었다. 판구조라는 지구가 스스로 만들어낸 이런 역동성을 통해 해저산맥인 해령에서는 끈적한 맨틀이 위로 올라와 새로운 해저를 만든다는 사실도 알게 되었다. 이처럼 해양의 지각은 대륙의 지각보다 훨씬 어리다. 그 밖에 지구물리학은 섭입대subduction zone도 알고 있다. 섭입이란 두 판이 만났을 때 한 판이 다른 판 아래로 밀려 들어가는 현상이다. 섭입대는 대부분 바닷속 깊은 해구에 있으며, 그곳에서 다시 해저는 맨틀 속으로 잠긴다.

대륙판들이 움직여 서로 스치듯 부딪치다가 서로 걸릴 수도 있는데, 이때 수직 방향으로 작용하는 힘인 응력이 만들어져 지진이 생길 수 있다. 가장 큰 응력은 지층들에서 만들어지는데, 지표면에서 불과 몇 킬로미터 밖에 떨어져 있지 않고, 깨지기 쉬운 암석이 이 지층들에 포함되어 있다. 지구물리학자들은 이곳에서 지진의 화로도 발견하는데, 이를 진원이라 부른다. 땅이 흔들리고 집이 무너지며 생명이 위험해질 때, 전문가들은 늘 지진의 진앙을 묻는다. 진앙은 진원의 바로 위에 있는 지표면을 뜻한다.

과학의 추측에 따르면, 40억 년이 넘은 오래된 지구의 대륙 덩어리들은 약 5억 년마다 초대륙으로 붙게 되며, 이때 충돌지역에 오늘날 히말라야 같은 거대한 산악 지대를 생겨나게 할 수 있다. 히말라야에 있는 세계에서 가장 높은 산들은 여전히 해마다 1cm 이상씩 상승하고 있다. 두 개의 판, 유라시아판과 인도판이 늘 움직이면서 서로를 누르기 때문이다.

1920년대에 나온 자신의 책에서 베게너는 학문 사이를 넘나드는 학제 간 연구자의 모습을 보여준다. 지구의 역사를 이해하기 위해서는 한 인물 안에 지질학자, 고고학자, 기상학자, 대기물리학자, 그리고 그 밖에 더 많은 모습이 있어야 했던 것이다. 이 모든 압력 속에서도 판들의 운동은 너무 느려서 살아생전에 베게너가 이를 측정할 수 없었다. 코페르니쿠스의 사례에서 보았듯이 우주의 새로운 그림을 확인하기 위해 과학 측량 기술이 충분히 발전하기까지는 시간이 필요했기 때문이다. 그사이에 지구에 대한 새로운 그림은 늦어도 1957년부터 1958년까지 있었던 국제 지구 관측년International Geophysical Year; IGY[1] 이후에 실증적으로 확인되었다. 그러나 베게너는 이 부족한 증거 때문에 동료들의 인정을 받는 데 어려움을 겪었다. 베게너의 학문적 배경도 어려움을 가중시켰다. 당시 지질학자들은 지형의 형태와 위치를 다루었지만, 물리학자인 베게너는 역학으로 논증하려고 했던 것이다. 오래된 지구에 대한 이 새로운 시각은 지평선 너머를 보기 위해 과학이 언제나 끊임없이 새로운 관찰을 감행해야 하는 이유를 잘 보여준다.

시간이 지나면서 지구를 향한 새로운 창문뿐만 아니라 우주를 향한 더 많은 통찰도 생겨났다. 천문학자들은 보이는 전자기파를 통한 관찰과 함께 전파천문학을 설립하였다. 마침내 우주에서 나오는 뢴트겐선과 감마선을 수

1 1957년 7월 1일부터 1958년 12월 31일까지 진행된 지구물리학 국제협동 관측 사업으로, 지구 및 우주에 대한 다양한 현상을 64개국 연구소에서 함께 관측하였다.

신하는 도구를 제작하게 되었던 것이다. 앞에서 언급했던 고에너지 빛은 지구 대기에도 어느 정도 들어 있기 때문에, 위성에서의 관찰 작업도 가치가 있었다. 1960년대 이후 이 분야의 발전이 진행되었고, 그 발전의 끝에 놀라운 허블 우주망원경이 있다. 허블 우주망원경은 가시광선 영역을 관측하며, 적외선과 자외선 사이에 있는 빛을 수용할 수 있다.

나사NASA가 투입한 다른 우주망원경들도 있었지만, 우주 관찰의 가장 인상적인 사진은 허블 망원경에서 나왔다. 이 사진을 "허블 울트라 딥 필드Hubble Ultra Deep Field"라고 부른다. 이 사진은 탁월한 기술로 우주의 작은 단면, 구체적으로 여러 날의 노출 시간 동안 달의 지름 1/10 크기의 한 우주 공간을 촬영했다. 전문가가 여기서 본 것은 바로 하늘의 진정한 암흑이다. 19세기 이후 인간들이 확인하듯이 밤하늘은 검은색이다. 여기서 역사가들은 '올베르스의 역설'[2]을 즐겨 말한다. 브레멘에서 활동했던 의사이자 천문학자였던 하인리히 빌헬름 올베르스Heinrich Wilhelm Olbers는 1823년에 처음으로 우주와 숲이 다른 이유를 물었다. 숲에서는 나무 하나를 보고 돌아서면 또 다른 나무들이 펼쳐진다. 그런데, 지구가 인간과 함께 돌아갈 때 왜 하늘에 다른 태양은 보이지 않을까? 눈과 망원경으로 확인되듯이, 왜 밤하늘은 그렇게 까만색일까?

이런 질문에 대답하기 전에 천문학자들이 만난 하늘의 위계질서를 먼저 생각해야 한다. 은하들은 집단을 이루고 있으며, 이를 은하단이라고 부른다. 지구가 속해 있는 은하인 은하수에는 두 개의 은하가 합쳐져 있는데, 이를 소

2 우주가 무한히 넓고 그 안에 태양과 같은 천체가 고르게 분포하고 있다면 수많은 별들로 인해 지구의 밤하늘이 밝아야 한다는 가설이다. 이 가설은 많은 과학자를 고민에 빠뜨렸다가 에드윈 허블이 우주가 팽창하고 있다는 사실을 발견하고 나서야 해결되었다. 우주가 계속 팽창하고 있다면 일정 거리 너머의 별과 지구 사이도 계속 멀어지고 있기 때문에 별에서 출발하는 빛이 영원히 지구에 도달하지 못한다. 또한 모든 빛은 팽창으로 인해 적색편이 현상이 일어나 가시광 영역에서 적외선 영역으로 가기 때문에 우리 눈에는 보이지 않게 된다.

마젤란은하와 대 마젤란은하라고 부른다. 이 두 은하는 남반구에서만 볼 수 있다. 별들은 은하를 만들고, 은하들은 은하단을, 은하단들은 대은하단을 구성한다. 우주의 질서는 대략 이렇게 보이며, 여기서 은하들은 자신들의 질서(형태)에 따라 분류될 수 있다. 은하들은 특별한 물리적 메커니즘을 가진 각자의 생성 환경을 드러낸다. 현대 천문학이 알고 있는 우주를 하나의 그림으로 쉽게 표현한다면, 모서리 길이가 1000억 광년에 이르는 주사위와 같다. 이 크기에서 본다면 지구는 은하수의 변두리일 뿐만 아니라 특히 세계의 구석에 자리 잡고 있다. 우주적으로 본다면, 인간들 또한 하찮은 현상이라는 것을 받아들여야 한다. 검은 하늘처럼 말이다. 물리학자들은 오랫동안 이 어둠을 설명하려고 노력했는데, 우주는 빅뱅을 통해 약 140억 년 전에 생겨났다는 생각이 확립되고 인정받게 된 후 처음으로 하나의 대답을 제시할 수 있게 되었다(여기서 비평가들은 유머를 담아 세상에 처음 나올 때 큰 울음소리를 내는 인간들도 빅뱅 하나씩은 갖고 있다고 말한다). 물리 법칙들에 따르면, 초기 우주는 처음에 불투명했다. 당시 세계를 구성하던 물질은 빛을 통과시키지 않았기 때문이다. 오늘날 생각하는 원자로 구성된 물질은 빅뱅 직후에는 존재하지 않았는데, 우주가 너무 뜨거웠기 때문이다. 기본 입자인 양성자와 전자는 전하 차이 때문에 서로 결합하려고 했지만, 광자가 지나가면서 서로 결합하려는 것들을 계속해서 분리시켰다. 우주가 캘빈(절대온도) 3000도(섭씨 약 2700도)로 식었을 때, 원자들은 결합을 유지했고 빛이 생겨날 수 있었다.

검은 밤하늘에서 보이는 것은 아직 불투명했던 때의 우주이며, 이렇게 올베르스의 역설은 해결된 듯하다. 어쨌든 섭씨 수천 도에 달하는 온도다. 엄청나게 뜨거웠을 빅뱅과 비교하면 별일 아닌 것 같지만, 이렇게 뜨거운 물질은 하얗게 불타기 시작하여 밝게 빛나게 될 것이라는 반대 의견도 여전히 존재한다. 그러나 우주는 그렇게 보이지 않는다. 완전히 검은색이다. 오늘날 물리학은 이 모순을 어떻게 해결할까?

대답은 상대성이론과 우주는 팽창한다는 사실에 들어

있다. 물질은 지구로부터 점점 멀어지며, 그 결과 도플러 효과가 예측하고 요구했듯이 지구에서 만나는 빛은 에너지가 적은 장파장 빛이 되었다. 빛의 파장은 아주 길어져서 인간의 눈으로 더는 감지할 수 없지만, 유명한 우주의 배경복사를 기록하는 천문학자들의 물리적 도구로는 관측할 수 있다. 물리학자 루돌프 키펜한Rudolf Kippenhahn은 이 상황을 이렇게 묘사했다. "어두운 밤은 별들이 영원히 존재했던 게 아니며 우주는 팽창한다는 사실을 우리에게 알려준다. 천체의 궤도에 거대한 망원경을 설치할 필요도 없이 관찰만으로 우주의 이런 기본 특성에 도달한다는 것은 대단히 놀라운 일이다. 단지 창문을 열고 밖을 보는 것만으로 충분하다."

이런 단순한 생각이 어떤 이들에게는 대단히 마음에 들 것이다. 그러나 과학이 더 자세히 관찰할수록 우주는 또 더 큰 혼란을 드러냈다. 특히 천체물리학자들은 그들을 크게 당황하게 했던 물질을 하늘에서 찾고 있었다. 이 물질을 천체물리학자들은 어느새 암흑물질과 암흑에너지라고 부르고 있었다.

우주는 단지 자신의 5%만 인간의 맨눈에 허락한다. 우주의 20% 이상은 아직 인간이 전혀 파악하지 못한 암흑물질로 남아 있다. 우주의 70% 이상을 암흑에너지가 채우고 있는데, 우리는 이 암흑에너지가 우주의 확장을 가속시키는 데 어떤 역할을 한다는 것만 알고 있다. 이 암흑에너지 때문에 우주는 단지 확장될 뿐만 아니라 더욱 더 빠르게 확장되고 있다는 것이다. 우주에 대한 지식은 점점 더 상상의 한계를 넘어선다. 예컨대, 우주 질량의 0.005%가 블랙홀들로 구성된다는 놀라운 사실을 알게 되었을 때처럼 말이다. 우주학자들은 이를 어떤 발전의 최종 결과라고 부른다. 블랙홀에서는 중력이 충분히 무거운 질량을 끌어당겨서, 마지막에는 그 물질이 한 점으로까지 수축되어 더는 빛도 나올 수 없는 상태가 된다. 자신의 이론이 이런 블랙홀의 존재를 예측했음에도 아인슈타인은 이 생각이 마음에 들지 않았다. 그와 관계없이 블랙홀은 발견되었고, 오늘날 우리는 모든 은하에, 우리 은하인 은하수에도 블랙홀이 존재한다는 사실을 안다. 사람들은 크기에 따라 작은 블랙홀, 중간질량 블랙홀, 초대질량 블랙홀로 구분하면서 각각의 블랙홀 안에 몇몇 작은 태양이, 혹은 수천 개의 태양이, 아니면 상상하기 힘들지만 수십억 개의 태양이 하나의 점에 집약되어 있다고 생각한다. 세상을 떠난 스티븐 호킹Stephen Hawking이 보여주었듯이, 이 엄청난 질량에도 온도가 있다. 블랙홀은 그 이름과 달리 빛을 낸다. 심지어 연구자들은 두 개의 블랙홀이 결합하는 것을 관찰할 수 있었다. 아인슈타인이 100여 년 전에 예측한 대로 블랙홀이 결합할 때 파동이 일어남이 관측됐고 이 파동은 곧 중력파로 밝혀졌다. 최근에는 심지어 블랙홀의 사진을 찍는 데 성공했다. 한 국제 협력 연구에서 여덟 개의 전파 망원경을 '사건 지평선 망원경Event Horizon Telescope'이라는 이름으로 함께 작동시켰다. '사건의 지평선'은 블랙홀 주변에 있는 영역을 가리키는데, 이곳에선 빛을 포함해 블랙홀 내부의 어떤 것도 빠져나올 수 없어서 외부에서 사건의 지평선을 보면 시간은 멈추어 있다. 사건 지평선 망원경은 M87 은하에 있는 태양 질량의 수십억 배가 되는 블랙홀을 관찰하였으며, 블랙홀에 의해 휘어진 빛을 통해 생겨난 고리 모양의 발광체를 보여주었다. 말하자면, 사람들은 그 그림자를 보면서 2400년 전 플라톤이 **국가**Politeia에서 소개했던 동굴의 비유와는 다른 것을 알게 된다. 플라톤Platon의 비유에서 인간은 동굴 벽에 있는 잘못된 그림자를 온전한 실재로 받아들여야 한다. 그러나 인간은 의심할 필요가 없으며 더 놀라고 희망해도 된다. 하늘에 있는 전 항성과 별들의 위치와 밝기를 조사하고 기록하는 디지털 성표 작업은 막 시작되었다.

· CHAPTER 3 ·

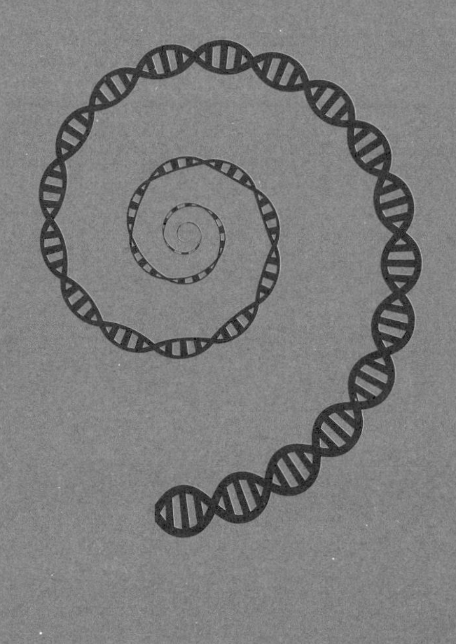

생명에 대한 시선

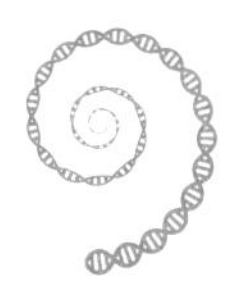

제2차 세계대전이 끝나갈 무렵, 『생명이란 무엇인가?Was ist Leben?』라는 제목의 한 소책자가 출판되었다. 이 책은 노벨 물리학상 수상으로 유명해진 에르빈 슈뢰딩거Erwin Schrödinger가 1940년대에 더블린에서 강연했던 내용을 편찬한 것인데, 슈뢰딩거는 이 책의 부제목처럼 '물리학자의 눈으로 살아 있는 세포를 관찰'하였다. 슈뢰딩거는 생명이 무엇이냐는 이 거대한 질문에 자신의 작은 작품으로 대답할 수 있다고 생각하지 않았다. 누구나 당연하게 여기듯이 오늘날까지도 이 질문은 열려 있다. 그렇지만, 그는 무언가를 이해하려고 했다. 슈뢰딩거가 다룬 핵심 질문은 다음과 같다. "살아 있는 유기체라는 닫힌 영역 내부에 존재하는 **공간과 시간**에서 일어나는 과정을 물리학과 화학은 어떻게 설명할 수 있을까?" 슈뢰딩거는 생물학으로 떠난 자신의 외유를 인간의 "타고난" 욕구로 정당화했다. 즉, 인간은 원래부터 "온전하며 모든 것을 포괄하는 지식"을 추구하는 욕구와 "**보편적 관찰 방식**"을 교육받은 대중에게 인정받고 싶은 욕구가 있다는 것이다. 슈뢰딩거는 자신의 시도가 "스스로 웃음거리가 될" 수도 있음을 잘 알고 있었다. 그러나 몇몇 교정이 필요했던 오류 덕분에 오히려 이 책은 더욱 크게 성공했고, 서점에 늘 진열되어 독자들의 호기심을 자극하고 있다. "생명이란 무엇인가?"는 오직 전체로서의 과학만이 답할 수 있는 좋은 질문이다.

이 책에서 슈뢰딩거는 어떤 발전을 특별히 지적했다. 이 발전이란 학제적 연구로 진행된 한 성공적인 자연과학 연구였다. 슈뢰딩거를 매료시켰던 이 연구 결과는 1935년에 나왔으며, 그는 자신의 책에서 이 연구를 "델브뤼크Delbrück 모델"이라고 불렀다. 델브뤼크 모델이란 「유전자변이와 유전자 구조의 본성에 대하여Über die Natur der

Genmutation und der Genstruktur」라는 제목의 연구를 말한다. 이 연구에는 과학자 세 명이 참가했다. 러시아 유전학자 니콜라이 티모피프-레소브스키Nicolai Timoféef-Ressovsky, 실험을 수행했던 독일 물리학자 카를 귄터 치머Karl Günther Zimmer, 그리고 물리학자이자 생물학에 관심이 있었던 이론가 막스 델브뤼크Max Delbrück이다. 이 연구에서 그들은 유기체의 유전자를 '원자연합Atomverband'으로 이해할 수 있으며, 이를 통해 유전자가 물리학의 대상이 된다는 증거를 유도할 수 있었다. 말하자면, 유전물질에 고에너지의 빛을 쏘면 변화(변이)가 일어날 수 있다.

앞에 인용한 원자연합이라는 개념은 델브뤼크가 처음 사용했다. 1930년 닐스 보어의 강연을 듣고 유전학에 관심을 두기 전까지 델브뤼크는 물리학을 공부했다. 보어는 '빛과 생명'이라는 주제의 강연에서 물리학이 수소 원자에 기댈 수 있는 것처럼 생물학도 보편적 법칙을 찾는 데 도움을 주는, 가장 단순한 구성물을 찾자고 제안했다. 델브뤼크는 강연 이후 유전학과 생명에서 그 대응물을 찾는 작업을 시작했다. 가장 단순한 대상을 찾아가다 보니 어느새 델브뤼크는 박테리아와 바이러스에 도달했다. 현대 분자생물학으로 가는 길을 열었던 이 연구를 델브뤼크가 미국에서 이탈리아 출신 학자 샐버도어 루리아Salvador Luria와 함께 수행하고 있던 바로 그해에 슈뢰딩거는 더블린에서 '생명이란 무엇인가'라는 주제의 강연을 하고 있었다. 델브뤼크의 연구와 슈뢰딩거 강연의 공통 주제는 유전자였다. 유전자는 생명과 생명의 이해에서 매우 중요한 요소로 보였다. 델브뤼크와 루리아는 이런 유전자 분자가 박테리아와 바이러스에도 있는지 먼저 밝히려고 했다. 당시에는 이 사실이 분명하지 않았기 때문이다. 그들은 또 이런 유전자를 어떻게 바꿀 수 있는지 알고 싶어 했다. 환경이 바뀌면, 변이는 어떻게 생겨날까? 슈뢰딩거는 물리학의 어떤 법칙과 생명의 능력 사이에 존재하는 모순을 해명하려고 했다. 늦어도 생명의 진화라는 위대한 생각이 등장한 이후로, 즉 찰스 다윈이 1859년에 자신의 방대한 책 『종의 기원On the Electrodynamics of Moving Bodies』을 발표한 이후에 물리학자들은 수수께끼 같은 질문에 마주하게 되었다. 생명은 유전 과정에서 자신의 종을 보호하며, 진화 과정에서 더 복잡하고 고등한 종을 만들어낸다. 이와 비슷한 시기인 19세기에 발견된 열역학 제2법칙은 어떻게 조화를 이룰 수 있을까? 열역학 제2법칙은 엔트로피의 증가라는 물리적 현상을 다룬다. 에너지가 제공되는 조건 아래에서 세계의 무질서는 시간이 지나면서 증가한다는 것이다. 누구나 (유감스럽게도 불가피하게) 각자의 일상에서 이를 경험하게 된다.

이 모순을 해결하기 위해 슈뢰딩거는 유전자에 어떤 특성을 부여하자고 제안했다. 즉, 슈뢰딩거는 유전자에 "어떤 부호 형태로 미래 개인 발전의 완전한 양식"이 들어 있다고 가정했던 것이다. 슈뢰딩거의 이 생각은 오늘날 '정보'라는 개념과 잘 어울린다. 간단하게 말하면, 생명은 유전 정보의 개입과 축적 때문에 물리적 질서의 붕괴라는 법칙과 모순된다. 1953년 이후에는 생명이 어떻게 세포 안에 있는 이 정보를 저장하고 준비해 두는지 직접 볼 수 있게 되었다.

슈뢰딩거의 격려와 함께 실제로 1945년 이후 많은 과학자가 물리학(그리고 원자폭탄)을 떠나 생물학(그리고 박테리아)으로 갔다. 이후 수십 년 동안 이들이 분자유전학을 발전시켰고, 그 중간에 많은 사람을 열광시킨 구조 하나를 발견할 수 있었다. 그 구조란 DNA 이중 나선 구조를 말한다. DNA라는 세 개의 철자는 세포핵에서 발견할 수 있는 부드러운 핵산 이름의 약어다. '유전자'라 불리는 이 원자연합이 DNA로 구성되어 있음이 1950년대 초에 밝혀졌으며, 1953년에 미국인 제임스 왓슨James Watson과 영국인 프랜시스 크릭Francis Crick은 오늘날 아이콘이 되어버린 DNA의 이중 나선 구조를 발표했다. 이 이중 나선은 화학 염기들로 만들어진 두 가닥의 실로 구성되며, 이 염기들의 서열이 슈뢰딩거가 예측하고 생명을 위해 중요하다고 제안했던 유전 정보와 동일시될 수 있었다.

이 발견 이후 분자생물학자들은 생명이 이 유전 정보를 어떻게 다루는지 조심스럽게 탐구했다. 연구자들은 세포 안에서 이 유전 정보들이 다루어지는 구조를 발견했다. 먼저 DNA에 있는 염기 서열이 아미노산이라는 다른 분자의 서열로 옮겨 간다. 슈뢰딩거의 상상대로 이때 유전 부호가 투입된다. 그다음 결합된 아미노산 사슬들은 독립적으로 펼쳐져 능동적인 거대 분자 형태를 띠게 된다. 생화학자들은 이를 단백질이라고 부른다. 단백질은 세포 안에서 일어나는 모든 작용, 즉 생명에 속하는 모든 활동을 일어나게 한다(촉매작용도 한다). 세포분열, 면역 활동, 혈액 공급, 소화, 물질대사, 신호 작업 등 무수히 많은 활동이 여기 속한다. 분자생물학은 관찰을 통해 또 다른 놀라운 활동도 발견했는데, 특정 세포를 죽게 만드는 단백질이 존재한다는 것이다. 생물학계에서는 이를 아포토시스Apotosis라고 부르며, 세포자살을 의미한다. 이 세포자살은 명백히 유전자의 지침에 따라(일종의 세포 프로그램에 의해?) 기획된다. 여기서 죽음 또한 생명에 속하는 일임을 알게 된다. 성장하고 늙어가는 생명은 세포 안에 잉여를 생산하게 되고 주어진 환경에서 기능을 가장 잘 수행할 수 있는 세포들을 제외한 다른 세포들은 죽어야 한다. 이 것들은 생명을 꾸려가는 데 방해가 될 수 있기 때문이다.

세포의 죽음이 유전학의 눈에 들어오기 전에, 분자생물학은 1960년대에 성공 하나를 자축했다. 분자생물학의 대표자들은 이 성공으로 자신들이 실제 "생명의 비밀을 풀었다."라고 믿었다. 이 희망은 진화와 DNA 사이의 관계를 관찰하면서 더욱 커졌다. DNA와 유전 정보가 담긴 염기 서열의 변화 가능성에 대한 통찰이 19세기 다윈의 생각과 완벽히 맞아떨어졌기 때문이다. 생명 진화의 역사와 분자생물학의 결합은 강조할 필요가 있다. 왜냐하면, 다윈의 제안은 이론을 생물학에 처음으로 제공했기 때문이다. 이론은 원래 물리학이 과도하게 소유하고 있었다. 생물학은 양자역학도 상대성이론도 모른다. 그리고 갈릴레오 갈릴레이Galileo Galilei의 테제를 의심하면서 자신의 연구를 매우 성공적으로 수행한다. 갈릴레이는 자연이라는 책은 수학이라는 언어로 작성되어 있으므로 이 책을 읽기 위해서는 수학을 배워야 한다고 생각했다. 그러나 이 주장이 물리학에는 맞을 수 있지만 모든 과학에 맞는 것은 아니다. 이 과학들은 자신들의 통찰과 이해를 논문집 형태로 발표하고 논문집에는 수학이 아닌 다양한 언어의 논문들이 실려 있다.

"생명이란 무엇인가?"라는 질문에 생물학은 수학 공식이 아닌 특징의 묘사로 대답한다. 이 설명에서 생명은 유전물질(유전자들) 이외에도 세포와 세포막이 제공하는 닫힌 공간이 필요하다. 이런 설명은 단 하나의 생명 기원을 찾으려는 모든 이에게 어려움을 준다. 차라리 두 개의 생명 기원에 대해 말하는 게 더 타당해 보인다. 하나는 원래의 유전물질을 제공하고, 다른 하나는 수집된 정보들을 감싸고 더는 흘러가지 못하게 한다. 스튜어트 카우프만 Stuart Kauffman은 자신의 책 『무질서가 만든 질서 A World Beyond Physics』에서 "생명의 출현과 진화"의 이해를 시도한다. 이를 위해 카우프만은 닫힌 공간에 있는 첫 번째 유전 분자들에게 분열하고 조직을 만드는 세포 생산의 기회를 주기 위해 '울타리 closure'라는 개념을 도입한다. 이론에 대한 자신의 사랑에도 불구하고 카우프만은 생명이 수학적 법칙에 따라 완성된다는 갈릴레이의 격언을 의심한다. 그는 다른 방식으로 자신의 길을 찾는다.

예를 들어, 촉매작용을 포함한 물질대사 기능은 생명의 일부다. 어떤 규칙에 따라 진행되며 재생산 및 성장 능력도 생명의 일부다. 이 능력 덕분에 생명체는 적응할 수 있다. 결국, 계속 길어지는 이 목록을 보고 있으면, 생명을 하나의 문장(혹은 하나의 법칙)으로 이해하거나, 몇몇 단어로 정의하려는 용기를 잃어버릴 것이다. 비록 끊임없이 시도는 되고 있지만 말이다. 1974년에 두 명의 생물학자 움베르토 마투라나Humberto Maturana와 프란시스코 바렐라Francisco Varela가 이 과감한 시도를 수행했다. 두 사람은 특별히 생명의 자기 보존과 자기 창조를 생명의 정의 안에 집어넣으려고 했으며, 살아 있는 유기체를 "과정의 네트워크"라고 묘사했다. "생명체는 경계가 있는 단일체로 활동하고, 스스로 더 많은 것을 생산할 수 있으며, 스스로 보존할 수 있다."

이런 시도로 실제 "생명의 비밀"을 밝혀내는 데 성공했냐고 묻는다면, 누구도 그렇다고 과감하게 대답하지는 못할 것이다. 그러나 인용된 문장들 안에서 다양한 개념들로 끊임없이 강조되는 생명의 본질적 측면 하나를 볼 수 있다. 그것은 바로 생명의 역동성이며, 완전히 일반적 의미로 운동을 의미한다. 물질대사, 번식, 적응, 성장 등의 과정에는 모두 역동적 측면이 담겨 있다. 생명은 생성이다. 아리스토텔레스의 말을 빌려 이렇게 표현할 수도 있다. 분자생물학은 생성되는 생명의 움직이는 동자bewegte Beweger로서 유전자를 발견했다.[1] 아리스토텔레스는 그 자신은 움직이지 않은 채 있어야 하는 세계 발전의 첫 번째 동자를 깊이 생각했다. 그런데 생명에서는 이 개념만으로 충분하지 않다.

분자생물학의 역사를 살펴본 사람은 두 가지를 알게

1 아리스토텔레스 철학에서 부동의 동자unmoved mover는 만물을 움직이게 하지만 자신은 움직이지 않는 세계 안에 있는 모든 운동의 제1 원인이다. 이에 빗대어 유전자를 생명의 움직이는 동자라고 표현한 것이다.

된다. 첫째, 유전물질을 일컫는 유전자는 생명의 동자다. 유전 정보 덕분에 세포 안에서 생화학적 생성이 일어난다. 둘째, 이 유전자들은 모든 생명의 진행 과정에서 생겨나고 만들어진다. 유전공학 덕분에 개별 유전자들을 분리하여 각각의 특성을 파악할 수 있게 되었다. 유전자들은 생명체의 세포, 특히 세포핵 안에, 한 조각이 아니라 여러 조각들로 존재한다. DNA 조각들 사이에는 단백질 제조에 대한 정보를 제공하는 '엑손Exon'이라는 구간과 단백질 제조에 관여하지 않는 '인트론Intron'이라는 구간이 있다. 세포는 이 구간들을 유전자로 가는 길에서 잘라낼 줄 알아야 한다. 그 밖에도 세포는 유기체의 발달과 성숙 과정에서 유전자 조각들을 모으고 새롭게 배열할 수 있어야 한다. 이런 역동적 생성이 조정되는 방법과 이 생성 과정을 관리하는 중심의 존재 여부는 여전히 분명하지 않다. 어쨌든, 유전자는 그냥 **존재**하지 않고 **생성**되고 만들어지며, 그렇게 끊임없이 새로운 생명을 만들어내는 동자로서 활동한다. 구체적으로 파악하기 힘든 이런 성격 때문에 생명이 자신의 특질을 얻는 유전자의 행위를 동사로 표현하고 말할 때, 유전자의 역동성을 더 잘 이해할 수 있다는 제안이 나오게 된다. 유전자는 **유전한다**. 동사로 표현하지 못할 이유가 어디 있겠는가? 교육가는 교육을 하고, 저술가는 저술을 하며, 운동선수는 운동을 하고, 유전자는 유전을 한다. 그러면 여기서 교육받은 학생, 아름다운 문장, 깨끗한 승리, 그리고 마지막으로 전체 생명처럼 언제나 어떤 것이 나오게 된다.

관련 연구자들이 미간을 찡그리며 동사 '유전하다'를 득달같이 거부하기 전에, 명사 '유전자Gen'는 수식어 '유전적인' 보다 훨씬 나중에 등장했다는 점을 지적할 수 있을 것이다. 과학 역사에서 유전자Gene라는 명사는 20세기 초에 처음 등장한다. 그레고어 멘델Gregor Mendel이 1865년에 이미 묘사했었던 규칙이 이때 새롭게 발견되었고, 이 형질 전달의 의미를 표현하는 개념으로 그리스어에서 나온 짧은 단어 하나가 선택되었다. 즉, 1909년이 되어서야 유전자라는 단어가 등장하였다. 반면 '유전적'이라는 형용사는 18세기 괴테가 쓴 말이다. 괴테는 1795년에 식물의 형태발생에 대해 숙고하다가 모든 자연과학을 위한 "유전적 방법의 필요성"을 확신했다. 이처럼 유전적이라는 단어는 유전자에서 온 것이 아니라 괴테에게서 왔다. 잘 알려져 있듯이 괴테는 이탈리아 여행 중에 원형식물Urpflanze을 알게 되었다고 생각했다. 생명 안에 있는 유전적인 것이 어떻게 생명의 성장과 생성을 이루어내는지 이 원형식물이 자신에게 보여줄 수 있다고 여겼다. 원형식물 이야기에 대해 많은 사람은 관심을 두지 않거나 동정의 웃음을 보낸다. 그러나 그들도 베르너 하이젠베르크의 의견을 들어볼 필요는 있다. 하이젠베르크는 '괴테의 자연관과 과학 기술 세계'에 대한 한 강연에서 원형식물이 20세기 근대 분자생물학에서 형성의 원칙인 DNA 이중 나선 구조로 등장했다고 말했다. 특히 이중 나선 구조는 괴테가 원형식물에 요구했던 것, 즉 형태를 부여하고 만드는 힘의 기본구조라는 원리를 충족시킨다. 이 힘을 인간의 감각으로는 당연히 볼 수도 없고 느끼지도 못한다. 그러나 낭만주의자들이 존재한다고 확신했던 제2의 눈으로는 볼 수 있다. 제2의 눈이 만들어주는 상상력은 내면을 향한 시선을 가능하게 해준다. 많은 이들이 이미 이에 대해 알고 있었고, 몇몇은 아마 지금도 시도하고 있을 것이다. 최소한 이중 나선 구조의 창조자들은 이 환상적인 관찰에 성공했음이 틀림없다. 물론 생명의 신비가 풀렸다는 그들의 말은 과장이었다. 그러나 그들의 확신을 이해할 수는 있다.

이중 나선 구조의 발견보다 앞선 시대에 한 위대한 과학자가 어떤 비밀에 관해 이야기했다. 이 비밀은 "비밀들 가운데 비밀"로 여겨졌던 것인데, 이 위대한 과학자는 이 비밀을 완전히 파악했다고 주장하지는 않았다. 바로 찰스 다윈의 이야기다. 다윈은 생명 진화에 대한 자신의 통찰에 감탄했으며, 진화의 구조를 해명하려고 시도했다. 한 친구에게 보낸 편지에서 다윈은 이렇게 고백했다. "인간의 눈에 대해 생각하면 나는 열이 나네." 이 고백은 다윈의 진화론이 완성된 해답 대신 여전히 남은 과제들을 다음 생물학자들에게 보여주었음을 말해준다. 당연히 현대 진화생물학은 창시자 다윈에게 몇 가지를 설명해 줄 수 있다. 예를 들어 주기능과 부기능을 구별하여, 눈이 생성되기까지의 진화 단계를 이해시킬 수 있다. 빛에 민감한 세포들을 보호하기 위해 먼저 빛이 통과되는 세포가 장착되면, 이 세포들은 보호 작용과 함께 빛도 모으게 된다. 나중에는 광선들을 모으는 능력을 주된 기능으로 보여주며, 여기서 수정체가 생겨날 수 있다. 비슷한 방식으로 또 다른 기능 교환도 추적할 수 있지만, 여기서 이 논의는 중단하고 이제 다윈의 폭넓은 사유에 대한 역사적 평가 세 가지를 살펴보자.

첫째, 당시 물리학에서 주도권을 넘겨받기 시작했던 확률이라는 사고법이 다윈의 이론 덕분에 생물학에도 들어왔다. 19세기에 통계 역학이라는 '새로운 종류의 지식'이 생겨났는데, 물리학은 통계 역학을 통해 어떤 기체 안에서의 분자 속도가 중간값으로 퍼지는 것을 보여줄 수 있었고, 이 중간값을 기체의 온도로 해석할 수 있었다.

1877년에 미국 학자 찰스 퍼스Charles Peirce는 진화를 다루는 생물학에도 같은 생각이 들어 있음을 떠올리게 되었다. 물리학자들은 '개별' 기체 분자의 운동이 특정 조건 아래서 어떻게 보이는지를 더는 말할 수 없게 되었다. 다른 분자들과 너무 많은 충돌이 일어날 수 있기 때문이다. 마찬가지로, 생물학자들도 변이와 선택 작용이 '개별' 사례에서 어떻게 드러나는지를 말할 수 없었다. 하지만 물리학자들이 '장시간' 분자들이 만드는 조화에서 무엇이 일어나는지를 (여전히) 알고 있었듯이, 생물학자들도 생명체를 '장기적'으로 보면, 자신들의 생존 환경에 적응하거나 자유로운 영역을 차지한다고 다윈과 함께 말할 수 있었다. 통계적 사고와 여기에 속하는 지식의 보편성은 증명되었고, 통계적 지식은 그사이에 상식의 일부가 되었다. 또한 생각의 기관인 뇌는 '확률적 예측 장치probabilistic-prediction device'로서 확률을 통해 미래를 예측하는 기능을 수행한다는 것을 뇌 연구자들은 알게 되었다.

두 번째로 중요한 것은, 다윈이 완전하게 창조된 영원

한 피조물이라는 그리스도교의 관점을 의도적으로 무시하면서 생명의 운동과 변화, 그리고 생명 형태의 다양성이라는 생각을 이용했다는 점이다. 이런 시각은 르네상스 시대 레오나르도 다빈치Leonardo da Vinci로부터 시작되었다. 이 다방면의 천재가 인간의 손 운동이 만들어내는 선에서 무언가를 보았을 때, 생명의 운동에 대한 어떤 통찰이 생겨났던 것이다. 운동으로의 전환은 낭만주의 시대에 전성기를 맞이했다. 낭만주의의 대표자들은 인간 안에서 인간 존재를 활동이라는 형태로 만들어주는 창조력의 작용을 보았기 때문이다. 1830년대에 5년 동안 다윈은 세계여행을 떠났고, 이 여행을 할 때의 관찰이 영원히 변하지 않는 유기체라는 관념에서 적응하는 종이라는 생각의 전환에 결정적 역할을 했다. 그때의 관찰이 다윈에게 인식을 위한 무기를 제공했던 것이다. 이런 무기를 이마누엘 칸트는 직관Anschauung이라 불렀다. 『순수 이성 비판Kritik der reinen Vernunft』에 나오는 칸트의 철학에 따르면, 선별된 자료를 다루는 다윈에게는 개념이 빠져 있었다. 칸트의 지적대로 개념이 없으면 직관은 맹목이 되며, 개념만 홀로 제기되면 공허감만 불러온다. 다윈의 경우 로버트 맬서스Robert Malthus의 책 『인구 원리에 관한 에세이An Essay on the Principles of Population』를 읽으면서 인식을 위한 이 두 가지 전제가 서로 결합되었다. 1798년 영국의 경제학자 맬서스는 이 책에서 '엄청나게 늘어나는 인구를 부양하기에 식량 생산이 충분할까'라는 걱정을 했다. 맬서스는 인간과 음식을 둘러싼 인간들의 전쟁이 일어날까 봐 두려웠다. 그리고 전쟁이 벌어진다면 아마도 강자와 능력자들이 승리할 것이라고 생각했다. 산업 혁명이라는 사회 환경에서 나온 맬서스의 이런 생각을 다윈은 자연 이해와 그 안에서 일어나는 전투를 설명하기 위해 수용한다. 인간 환경에서는 인위적 종자 선택에서 나온 생산물이 많다. 이 인간 세계에서 사용하는 선택이라는 명사를 다윈은 빌려온다. 그리고 자연에서의 발전을 자연 선택이라는 개념 아래 놓는다.

이처럼 다윈의 직관은 자연에서 나왔고, 개념은 사회 역사적 상황에서 가져왔다. 이 두 가지를 갖춘 후 다윈은 자신의 작품 『종의 기원』을 집필하기 시작했다. 1859년에 나온 600쪽이 넘는 이 책은 다음의 아름다운 문장으로 마무리된다. "생명을 다음과 같이 보는 관점에는 숭고함이 들어있다. 처음에는 몇몇 혹은 하나의 형태 안에 숨결을 받은 생명이, 고정된 중력의 법칙에 따라 지구가 회전하는 동안, 자신의 몇 가지 힘으로 그렇게 단순한 형태에서 가장 아름답고 가장 경이로우며 한계가 없는 형태들로 진화되었고 진화되고 있다." 영어 원본에서 마지막 단어는 'evolved'이며, 이 단어에서 진화Evolution라는 생각이 처음으로 직접 언급되었다. 다윈은 여기서 종의 기원에 더 관심이 많았지만, 인간에 대해서도 시선을 거두지 않았고 깊이 생각하면서 다음과 같이 유명한 문장도 남겼다. "인간과 인간의 역사에도 빛은 떨어진다."

이 인용문은 다윈이 창조신을 없앨 수 있다고 생각하지 않았음을 분명하게 보여준다. 그러나 신은 자신의 창조 활동이 끝난 후 생명체 스스로 구성하고 창조하며 살아갈 수 있도록 피조물을 설계했으며, 다윈은 자신의 진화론이 이를 보여줄 수 있다고 생각했다. 영국의 성직자들도 다윈의 진화론을 그렇게 이해했기에 다윈이 죽은 후 위대한 영국인으로서 웨스트민스터 사원에 안치된 아이작 뉴턴 옆에 편안하게 묻히게 해주었다.

자신의 아이들이 고통스럽게 죽어가는 모습을 무력하게 지켜봐야 했을 때, 다윈은 신에 대한 개인적 신뢰를 잃어버렸다. 삶 전체를 보았을 때 다윈은 결코 행복한 삶을 살았다고 말할 수는 없다. 더욱이 그는 평생 만족스러운 진단을 받지 못한 질병에 시달렸으며, 그 때문에 하루에 겨우 몇 시간만 일할 수 있었다. 다윈은 또한 자연 속에서 더 구체적인 발견을 할 때마다 선한 신보다 교활한 악마가 훨씬 더 많은 일에 개입한다는 인상을 받으며 괴로워했다. 그가 들여다보는 곳마다 죽음, 약탈, 기만이 넘쳐났으며, 그가 특별히 사랑했던 딱정벌레들도 곳곳에서 안타깝게 죽었기 때문이다. 이 모든 상황에서도 다윈이 다음 생각을 견지했다는 건 충분히 놀랄 만한 일이다. "자연의 싸움에서, 굶주림과 죽음에서…. 우리가 상상할 수 있는 가장 고귀한 것이 나온다. 그것은 더 고등하고 완성된 생명체의 태어남이다.”

다윈의 직관은 세계여행 덕분이었다. 인류는 이미 5만 년 전에 선박 제작을 시작했다. 앙투안 드 생텍쥐페리Antoine de Saint-Exupéry에 따르면, 해변에 서서 수평선을 바라보는 사람은 본성에 따라 자신이 움직일 수 있는 주어진 한계를 넘어 저 멀리 수평선 뒤에 있는 곳에 도달하려는 의지가 생긴다. 이를 바다를 향한 동경이라고 말했는데, 이미 오래전에 이런 동경 속에서 인간은 배를 만들고 항해하기 시작했다. 대단히 중요한 역사 발전들이 항해와 연결되어 있다. 콜럼버스를 통한 아메리카의 발견은 하나의 사례일 뿐이다. 18세기 자연과학자 리히텐베르크Georg Christoph Lichtenberg가 자신의 잡기장에 기록했듯이, 낯선 세계의 원주민들에게 이 발견은 확실히 ‘사악한 발견’이었다. 500년 넘게 존속했던 포르투갈 제국은 15세기 중반부터 전 세계로 나가 아메리카, 아프리카, 동남아시아, 인도, 중국까지 확장되었다. 포르투갈과 그들의 경쟁자였던 스페인, 그리고 그 이후 영국의 정복자와 모험가를 움직였던 이 뻔뻔하고 양심 없는 동인은 원주민들에 대한 인종적 우월감이었다. 원주민들은 정복되고 예속되었으며, 노예가 되어 착취당하고 살해당했다. 여전히 왕성하게 활동하는 이런 지배자성의 정신적 유산 때문에 우리 세계는 모든 분야에서 오늘날까지 어려움을 겪고 있다.

19세기를 지나면서 인류는 지구의 나이와 진화에 걸린 시간을 이해하기 시작했고, 점점 더 많은 고생물학자가 과거 생물체와 생물 환경을 연구하기 시작했다. 그사이에 과학은 생명 생성의 놀랍도록 상세한 그림을 그릴 수 있게 되었는데, 이미 서술했듯이 생명은 약 40억 년 전에 일찌감치 역사에 처음 등장했다. 이것은 생명체가 서둘러 등장하여 지구를 정복했다는 것을 의미한다. 맨 처음 생명은 분명히 단세포 생물이었다. 그리고 20억 년 전쯤에 다세포 생물이 출현했는데, 단세포에서 다세포로 가는 과정에서 특별하고도 새로운 일이 생겨났다. 그것은 바로 죽음이다. 신경생물학자 에른스트 푀펠Ernst Pöppel의 말대로, "생명이 창조되었을 때, 죽음은 함께 있지 않았다. 최초의 생명체에게 불멸은 자신의 본질적 특징이었다. 개별적 죽음은 훨씬 뒤에 등장했다." 정확히 말하면, "유성 생식을 통해" 죽음이 등장했다고 푀펠은 생각한다. 다른 생물학자들도 이 생각을 공유하는데, 푀펠은 이를 구체적으로 이렇게 표현한다. "유성 생식은 죽을 수 있고 또한 죽어야만 하는 개인으로 이끈다." 그렇지 않았다면 어떻게 생명의 진화가 있었겠는가? 진화의 끝 무렵에 진화에 대한 접근, 통찰, 전망을 담고 있는 이 책이 집필될 수 있었겠는가?

인문학 영역에서 섹스와 죽음의 생물학적 관계는 생명 충동과 죽음 충동을 뜻하는 에로스와 타나토스의 대립으로 논의된다. 타나토스는 그리스 신화에 나오는 신의 이름이다. 여기서는 일단 죽음 충동은 제쳐두자. 생명 충동은 생명 의지라고 부를 수도 있는데, 인간만의 특징이 아니라 전체 생명체에게 부여될 수 있는 속성이라 할 수 있다. 최근 연구들에 따르면, 미생물계는 생물에게는 극도로 적대적인 영역, 즉 극단적인 기온과 심각한 독성 물질이 있는 곳에서도 거주한다. 생명 의지의 관점에서 보면 이 미생물들이 지구 역사에서 아주 일찍 등장하고 극한 상황에서도 생존하는 것을 이해할 수 있다. 생명은 분명히 어디에나 있으려고 한다. 마치 인간이 이 세계 모든 영역을 정복하려 하고, 우주에 정거장을 세우고, 심지어 행성에도 도달하려고 하듯이 말이다. 이 문장에서 가장 중요한 지점은 모든 세포에서 감지될 수 있는 의지다. 세포들은 분열되어 두 개로 나누어지기를 기대하고 '꿈꾼다.'

당연히 이런 의지는 자연과학적으로 검증될 수 없으며, 지금 소급해서 다루어야 할 사안도 아니다. 언급했던 다세포 생물의 등장 이후 생명은 원시바다에 자리를 잡는다. 그 결과 어류와 양서류가 출현하는데, 이들은 약 4억 년 전에 넓은 원시바다 속을 돌아다니다가 수천만 년이 지난 후 대량 멸종을 당한다. 이것은 언급할 가치가 있는 사건이다. 첫째, 어떻게 생명의 한복판에서 모든 것이 죽음으로 둘러싸여 있는지를 보여주기 때문이다. 개별 생명체뿐만 아니라 전체 생명체 모두가 죽음에 둘러싸여 있다. 둘째, 대량 멸종 이후 생명을 향한 의지는 다시 솟아나고 새로운 생명 형태들이 다양하고 방대하게 나타난다. 비록 죽음을 완전히 정복하지는 못하지만, 생명은 그렇게나마 죽음을 극복하는 것이다.

가장 많이 다루어진 대량 멸종은 약 6500만 년 전 백악기 말기에 있었던 공룡의 멸종이다. 공룡의 멸종 덕분에 이 거대 파충류 그늘에서 오랫동안 살았던 초기 포유동물들이 지구를 정복할 기회를 얻었고, 조류들도 다양해졌다. 여기서 "다양화diversification"라는 단어는 다윈에게서 나왔다. 다윈은 한 산업박람회에서 이 단어를 배웠다. 그곳에서 여러 가지 서비스와 제품을 제공하는, 즉 다양화된 회사들이 성공하는 것을 목격했던 것이다. 먼저 인간은 생명의 발달을 사회의 흐름을 통해 이해하고, 그다음에 인간의 능력을 생명 진화의 역사를 통해 이해한다.

끊임없는 새로움의 등장은 진화 역사의 일부다. 과학

은 새로운 것을 세계에 가져오는 이 단순한 구조에 "결합"이라는 단순한 이름을 붙였다. 경영 세미나에서 결합은 시너지로 칭송받으며, 전기회로에서는 전압원으로 묘사될 수 있다. 만약 저항이 하나만 있는 어떤 전기회로를 작동하면, 콘덴서가 하나 존재하고 충전되는 것과 같은 약간 흥미로운 일이 생긴다. 저항과 콘덴서가 함께 켜지면, 새로운 것이 생겨난다. 즉, 지금껏 결코 알 수 없었던 전기 진동이 생겨난다. 또 다른 예를 화학에서도 찾을 수 있는데, 이 결합은 18세기 이후에 알려졌다. 수소와 산소라는 기체 두 개가 서로 반응할 수 있고, 여기서 물이라고 부르는 액체가 생겨난다. 마찬가지로 생물학에서는 공생 개념이 있으며, 이 개념은 세포 내 공생이론으로 확장된다. 이 이론에 따르면, 더 많이 진화된 유기체의 세포들은 박테리아를 자기 안에 받아들임으로써 생겨났다. 박테리아에게 생명을 위한 과제를 나누어주고, 이들과 연합하면서 세포들은 더욱 복잡해질 수 있었던 것이다.

19세기에 화학자 프리드리히 뵐러Friedrich Wöhler는 무기질 분자를 유기물질인 요소로 변환하는 데 성공했다. 이 변환을 보면서 많은 사람은 시험관에서 '인간을 만들 수 있다'고 믿게 되었다. 특히 괴테는 이 결과에 흥분하면서 『파우스트』 2부에 더는 화학적 인간이 아닌 호문쿨루스를 등장시킨다.

결합과 상호작용을 통해 완전히 새로운 성질을 발전시키고, 그 특성으로 훨씬 더 많은 능력을 갖게 된다는 단순한 과정과 원칙으로 "현실 세계의 구조"를 이해하려는 시도를 해볼 수 있다. 철학자 니콜라이 하르트만Nicolai Hartmann이 1950년대에 『현실 세계의 구조Aufbau der realen Welt』라는 책에서 이 작업을 수행했었다. 하르트만은 실제 존재 안에서 발견되면서 동시에 차곡차곡 쌓여 있는 다양한 층을 구분한다. 맨 밑에는 당연히 무기체 세계가 있다. 무기체 세계는 유기체에 다양한 형태를 제공하는 물질들의 결합을 허락해야 한다. 이 결합이 충분히 복잡해지면 여기에 속한 유기체들은 주체적인 경험을 할 수 있는 능력을 발전시킨다. 이 능력은 흔히 마음에 주어진다. 그리고 마침내 최고의 단계인 정신생활의 등장을 말할 수 있게 된다. 콘라트 로렌츠Konrad Lorenz는 계층론Schichtenlehre이라는 "존재론의 가장 확실한 정당한 증거"를 이 안에서 보았다. "계층론은 진화적 사실과 일치하며, 계층의 순서는 (하르트만의) 지구 역사에서 생성된 순서와 일치한다." 지구 위에 있는 인간과 관련해서 보면 처음에는 무기체가 있었고, 그다음 유기체가 나왔으며, 유기체의 도움으로 정신적인 것이 나타났다. 그리고 마지막으로 영적인 것이 등장한다. 오늘날, 이 형성 과정을 '정보Information'라는 개념으로 표현하는 일이 가능하다. 정보가 과학 용어가 되기 전에 사람들은 정보를 창조 과정으로 이해했다. 예술가는 작품을 창조하기 위해 물질에 정보를 전달한다. 신은 자신의 작품, 인간을 창조하기 위해 진흙에 정보를 전달한다. 이런 의미에서 무기체는 유기체에게 정보를 전달하고, 유기체는 그다음 정신적인 것에 정보를 전달하며, 다시 영적인 형태가 생겨나게 한다고 말할 수 있다. 뒷장에서 다시 한번 이야기할 것이다. 이렇게 과학은 물리학자 아치볼드 휠러Archibald Wheeler가 말했던 "모든 지식은 정보의 언어로 이해되고 표현된다."라는 목적지에 거의 다 가선 것처럼 보인다. 이제 인간들은 정보의 세계에 살게 되었으며, 이 세계에 직접 기여하기도 한다. 휠러는 "참여하는 우주"에 대해 말했는데, 이 우주에서는 모든 것이 운동 중이다. 2500년 전 헤라클레이토스Heraclitus는 이 인식을 **판타 레이**Panta rhei, 모든 것은 흐른다고 요약했다. 인간에게도 적용되는 통찰이다. 노자에 대한 시에서 베르톨트 브레히트Bertolt Brecht가 말하듯이, "유유히 흘러가는 물이 시간이 지나면서 강력한 바위를" 뚫는다. 흐름이 세계에 형태를 부여하여 세계가 되게 한다.

영적인 것은 언제나 어떤 창조적인 것을 의미한다. 생명을 어떤 궁극의 관점(최종의 관점, 마지막 관점)에서 살펴보면, 생명은 처음부터 창조적이었음을 간과할 수 없다. 생명은 언제나 새로운 형태로 스스로 출현한다. 모든 것은 운동하거나 혹은 움직이고 있으며, "모든 것은 생성 중이다."라는 헤라클레이토스의 생각에 연결시켜 본다면, 세계는 처음부터 진화로 드러나는 생성일 뿐이라고 말할 수 있다. 이 생성은 그냥 시작되었다. 거기에는 계획도, 목표도 없으며, 단지 에너지만 있을 뿐이다. 에너지는 자신을 비롯한 다른 모든 것을 변화시키며, 진화를 이루어내서 세상에 정보를 전달한다. 형태를 만드는 이런 생성 과정을 거쳐 생명이 등장한 후, 생명은 두 번째 생성 과정을 추가하여 장점들을 취한다. 생물학자들은 이 두 번째 과정을 "발달" 혹은 "개체발생Ontogenesis"이라고 부른다. 이 과정은 계획에 따라 진행되며, 그 계획은 유전자에 들어 있는 정보에서 찾을 수 있다. 개체발생이 수없이 반복된 후 오랜 시간을 거쳐 한 신체 기관이 세상에 나왔다. 이 기관은 목적을 정하고, 창조할 수 있으며, 스스로 정보를 생산할 수 있다. 이 기관이 바로 뇌다. 인간은 특별히 큰 뇌를 갖고 있는데, 이에 대해서는 다음 장에서 다룰 예정이다. 여기서는 어떤 확신에 대해 생각해 보자. 어떤 이들은 외부 세계에서 시작되어 인간 내면으로 옮겨 간 후 그곳에서 생산적으로 되는 정보 전달의 운동을 본다면, 생명 전체를 이해할 수 있다고 확신한다.

그사이에 과학은 한 질문의 중요성을 알게 되었다. 외부 세계는 어떻게 일반적인 생명 안에, 그리고 특별히 풍부하게 인간 안에 오게 되었을까? 이 질문은 빛을 어떻게 보고, 소리를 어떻게 듣느냐와 같은 감각기관의 기능에 관한 질문이 아니다. 이 질문은 '내면과 외면이 어떻게 연결되느냐'라는 훨씬 근원적인 문제를 의미하며, 괴테는 이를 "거룩한 공개 비밀"이라고 불렀다. 괴테는 에피레마Epirrhema라는 시에서 자연 관찰을 다음과 같이 표현했다. "안에도 아무것도 없고, 밖에도 아무것도 없다. 안에 있는 것이 곧 밖에 있는 것이기 때문이다." 밖에는 환경이 있고 안에는 유전자가 있다. 다윈이 말한 대로 생명의 진화가 성공했다면, 이 두 세계 사이에는 연관이 있어야 한다. 이를 생명에 대한 전체적 관점이라고 부를 수 있을 것이다. 분자생물학자들은 이 지점에서 어려움을 겪는다.

그들은 유전자 분자들을 풍부하게 연구하고, 그 분자들의 기능에서 생명의 비밀을 찾기 때문이다. 반면 괴테는 생명을 안과 밖의 공동 작업으로 보았다. 1980년대 이후 유전학자들은 안팎을 함께 고려하는 연구가 필요하다는 것을 알게 되었다. 그렇게 진화발생생물학을 구상하기 시작했다. 이 진화발생생물학의 아름다운 영어 약자는 "에보-데보Evo-Devo"다. 데보Devo는 발전, 발생을 뜻하는 영어 단어 'development'에서 왔다. '유전자 조절 네트워크Gene regulatory network'라는 주제가 이 분야의 연구에서 나온 첫 번째 성과다. 이 긴 이름이 이미 주제를 말해준다. 앞에서 인용했듯이, 생명은 실제 '과정의 네트워크'로 이해될 수 있을 것이다. 유전자 네트워크가 무슨 일을 할 수 있는지 곧 알게 될 것이다. '자기 보존'을 실천하는 것만으로는 충분하지 않다. 생명은 기술용어로 피드백이라 부르는 작업을 분자 단계에서부터 배워야 한다. 생명체는 다른 곳에서 진행되는 일들에 관심을 두어야 한다는 뜻이다. 인간은 섬이 아니며, 전체를 이루는 조각도 아니다. 인간은 생명으로 가득 차 있다. 그리고 인간은 살아가려는 의지로 가득 찬 생명에 둘러싸여 있다. 태초부터 그랬다.

· CHAPTER 4 ·

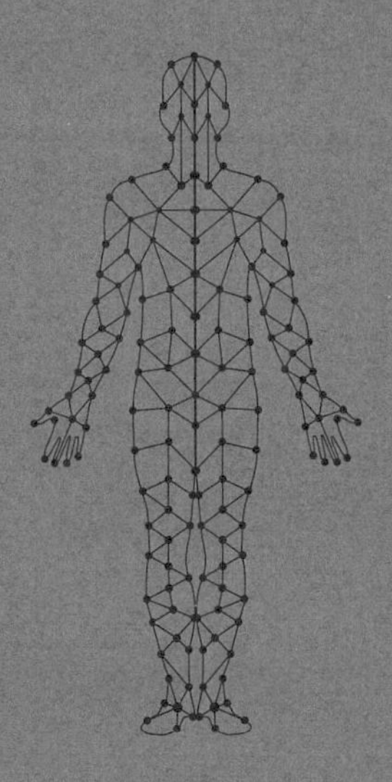

호모 사피엔스와 인간 게놈

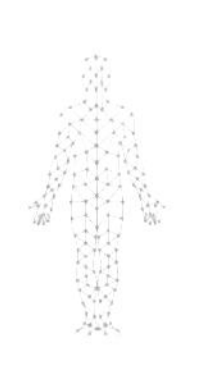

"인류에 관한 진짜 연구는 인간 연구다." 1809년 괴테의 소설 『친화력Die Wahlverwandtschaften』에 나오는 구절이다. 이런 생각을 이미 드러낸 선행자들이 있었다. 예를 들어, 영국 시인 알렉산더 포프Alexander Pope가 1734년에 발표한 교육시 『인간론An Essay on Man』에는 다음과 같은 구절이 있다. "인류에 관한 적절한 연구는 인간이다." 프랑스 신학자 피에르 샤롱Pierre Charron은 포프보다 먼저 비슷한 이야기를 했다. 16세기에서 17세기로 넘어가던 전환기에 샤롱은 『지혜에 대한 논문Traité de la sagesse』에서 이렇게 주장했다. "인간에 대한 진정한 과학과 연구는 인간이다." 샤롱의 지혜를 인간들은 직접 실천했다. 18세기 중반 이후, 구체적으로는 1758년, 종의 분류 이후 인간 연구에 불이 붙었다. 인간은 사람과Hominidae 중에 사람속Homo으로 분류되었다. 생명체로서 인간은 이렇게 자기 위치를 찾을 수 있었으며, 인간은 호모 사피엔스, 즉 이성과 지성이 있는 존재라고 스스로를 칭송했다. 그사이 '사피엔스(지혜)'라는 특징에 대한 첫 번째 의심이 등장한다. 이 뛰어난 영장류가 실제 지혜롭게 행동하는지 자문하게 된 것이다. 오히려 그들은 종종 지혜와는 반대로 행동하여 자신들의 생존이 달린 지상의 조건들을 파괴하는 것 같다. 핵무기, 환경 파괴, 기후 변화 등을 이 문제의 주제어로 삼을 수 있다. 과학은 이런 상황에 대한 응답으로 새로운 지질 시대 구분을 제안한다. 전통적인 시대 구분에 따르면, 수십억 년 전 시생대에서 출발하여 지금은 1만여 년 전 전에 시작된 홀로세 시대다. 신석기와 청동기 모두 홀로세에 속한다. 과학자들은 홀로세에서 벗어나 인간에 의해 만들어진 새로운 시대에 도달했기 때문에 이를 인류세라고 부른다. 인간 문화와 사회의 발전이 낳은 무시할 수 없는 그림자에도 불구하고 누구도 **호모 사피엔스**에게 부여된 창조적 특징에 이론을 제기하지는 않을 것이다. 그러나 인간 역사의 화자들은 마크 트웨인Mark Twain이 말했고 록밴드 핑크 플로이드Pink Floyd를 통해 유명해진 경구에 너무 적은 관심을 둔다. "달은 어두운 면을 갖고 있다."[1] 악은 인류 전체에 속하며, 어두운 측면은 인류 전체 문화의 일부다. 인간은 이 어두운 면을 다룰 줄 알아야 한다. 19세기에 이산화탄소가 대기에 일으키는 온실효과가 밝혀졌을 때, 처음에 과학자들은 왜 인간이 따뜻한 하늘 아래에서 살고 있는지를 설명할 수 있게 되었다고 생각했다. 하지만 오늘날에는 이산화탄소의 엄청난 배출 때문에 일어나는 과열을 보고 있다. 산업사회가 가져온 이 기후 변화는 지구 역사에서 유례없는 빠르기로 완성되었으며, 우리 시대에는 엄청난 규모의 난민을 낳고 있다. 이 일을 극복하기 위

1 미치광이란 뜻의 단어 'lunatic'이 라틴어로 달을 뜻하는 'luna'에서 나온 것에서 알 수 있듯 달은 서구권에서 광기로 상징된다. 핑크 플로이드는 달의 어두운 면이라는 경구를 통해 인간의 광기와 파괴적인 악한 특성을 말했다.

해서는 인류 전체의 휴머니즘이 필요할 것이다. 우리가 '인간'이라는 이름의 가치를 지키고 싶다면 말이다.

생명이 직접 이 이산화탄소 구름의 형성을 지원한다. 이산화탄소 구름이 없었다면 생명은 존재하지 못했을 것이다. 검은 하늘 앞에 있는 푸른 지구를 보면 특히 인간들이 처한 위험한 상황을 무시할 수 없게 되는데 첫 달 착륙에서 나온 첫 번째 영향이었다. 즉, 1969년에 처음으로 독일어 단어 '환경보호Umweltschutz'가 만들어졌고, 이를 담당하는 관청도 세워졌다.

괴테가 『친화력』에서 낙원에서의 살인이라는 인류의 어두운 면에 대해 쓰고 있을 때, 철학자 고트힐프 하인리히 슈베르트Gotthilf Heinrich Schubert는 『자연과학의 어두운 면에 관한 견해Ansichten von der Nachtseite der Naturwissenschaften』를 발표했다. 그 어두운 면은 오랫동안 **호모 사피엔스** 역사에서 드러났다. 인류는 홀로세에 등장했다. 기원전 약 6000년경 신석기 시대에 농업경제가 시작되었고, 성서가 명령한 동식물이 사는 지구 통치라는 인류의 임무를 수행하게 되었다. 이와 동시에 전염병은 확산되고 더 큰 인명 피해가 생겨났는데, 정착 생활과 함께 점점 더 밀집되어 살았기 때문이다. 위생과 의학의 도움이 없었던 시기에 인간의 방어 수단은 육체라는 무기밖에 없었다. 이 육체적 무기가 바로 유전자에 좌우되며, 여기서 중요한 근거를 하나 발견할 수 있다. 대중적인 토론에서는 유전자의 어두운 면이 훨씬 더 많이 언급된다. 사람들은 어떤 유전자가 질병을 일으키는지, 예를 들어 당뇨병의 요인이 되거나 종양을 만드는 유전자를 알려고 하기 때문이다. 그러나 인간의 유전자는 **호모 사피엔스**를 병들고 약하게 만들려는 게 아니라 강하고 생존력을 높이려고 진화한다. 유전자는 살아 있을 때 도움을 주며, 죽음에는 단지 부분적으로만 기여할 뿐이다. 유전자는 병든 사람이 아닌 건강한 개인을 돌본다. 비록 윤리위원회는 대체로 병든 사람의 유전자에 대해 걱정해야 하지만 말이다.

악을 인간의 일부로 보는 관점은 이마누엘 칸트에게서도 발견된다. 여기서 악은 자유와 관련된다. 만약 악이 존재하지 않는다면 인간은 자신의 의지에 따라 선을 선택할 수 없다고 칸트는 생각했다. 그 밖에도 칸트는 오늘날에는 누구나 알고 있는 윤리 원칙을 말했다. 즉 선한 의도를, 도덕적 가치를 스스로 만들고 지켜야 한다는 것을 강조했다. 덧붙여 이 계몽 철학자는 "인간은 무엇인가?"라는 대단히 오래된 질문에 보편적 대답을 찾으려고 노력했다. 칸트는 이 거대한 주제를 세 개의 질문으로 나누자는 구체적인 제안을 했다. 그 질문들은 다음과 같다. "나는 무엇을 알 수 있나? 나는 무엇을 해야 하나? 나는 무엇을 희망해도 되나?" 이 주제를 다룬 이야기로 도서관 전체를 채울 수도 있겠지만, 여기서 나는 아주 짧게 대답해 보려고 한다. 인간은 먼저 자신의 한계를 아는 생명체다. 예를 들어 누군가 바다 앞에 서면 그 한계를 느낀다. 그다음에 이 바다를 넘어서려고 시도하며, 그 시도가 성공하기를 희망한다. 『우리 유전자 여행Die Reise unserer Gene』이라는 책의 결말에도 비슷한 대답이 실려 있다. 이 책은 독일 튀링겐주 예나Jena에 있는 막스 플랑크 인류 역사 연구소의 소장 요하네스 크라우제Johannes Krause가 토마스 트라페Thomas Trappe와 함께 집필했으며, 고고유전학이라는 새로운 학문이 고대 동굴과 무덤에서 나온 뼛조각이나 다른 유물의 DNA 분석을 통해 석기시대부터 현대까지의 역사를 추적하는 과정을 담고 있다. 이 여행의 마지막에 크라우제는 인류가 미래에 어떤 길을 걷게 될지를 묻는다. 그는 이렇게 생각한다. "여행은 계속될 것이고 우리는 한계를 맞이할 것이다. 그러나 그 한계를 받아들이지 않을 것이다. 그 한계는 우리에게 아무 문제가 되지 않을 것이다."

더 멀리 더 깊이 가려는 이런 갈망의 단순한 사례로 시력의 한계가 제시된다. 인류는 17세기 이후 망원경과 현미경을 통해 이 한계를 성공적으로 극복했다. 비록 다시 사물의 더 깊은 곳, 그리고 우주의 더 먼 곳에서 새로운 한계를 만났지만 말이다. 이 한계도 지금 탐구되고 있으며, 이에 속한 연구들은 이런 한계가 인간에게 도전 용기를 주고 있음을 알려준다. 그것이 인간의 본성이다.

다시 앞으로 돌아가면, 그렇게 21세기는 '고고유전학' 이라는 호모 사피엔스로 가는 특별한 문을 찾았다. 이 연구는 전체 유전물질의 측정과 해석을 이용하는데, 이 전체 유전물질을 게놈Genom이라고 부른다. 모든 생명체의 유전물질은 기다란 DNA 분자들로 구성되며, 이 분자들은 자신들의 생물학적 효능을 구성 물질의 순서(시퀀스)에 의해 얻는다. 20세기 후반 이후 이 물질들에 관한 연구 수준은 점점 올라가고 있다. "기다란"이란 수식어는 별 의미가 없어 보이지만, 인간의 경우 DNA 염기 서열의 전체 개수가 30억 개가 넘는다. 이 염기 서열들은 종종 유전자 글자라 불리고, 생명의 언어라 불리기도 한다. 30억 개의 글자는 쪽마다 3000개의 글자가 담긴 1000쪽짜리 책 1000권을 만들 수 있다. 어떤 인간도 자신의 게놈을 스스로 읽지는 못한다는 것을 의미한다. 이 해독의 과제는 컴퓨터가 담당한다. 컴퓨터의 도움이 없었더라면 '인간 게놈 프로젝트'는 착수조차 못 했을 터다. 이 양적인 어려움 이외에도 '인간 게놈'에는 질적인 문제도 들어있다. 좀 더 엄밀하게 말하면, 이 문제는 한 사람의 게놈과 관련된 문제는 아니다. 그보다는 한 사람의 세포 안에 있는 유전물질과 관련된 문제다. 한 사람의 모든 세포는 같은 게놈을 소유하는 게 아니라 각각의 세포는 살아가면서 각자 고유한 유전물질을 조립한다는 게 최근에 밝혀졌기 때문이다. 이 말은 게놈의 크기, 즉 33억 개라는 숫자는 변하지 않지만, 조직화 혹은 서열, 특히 뇌세포 사이의 염기 서열은 변화할 수 있음을 뜻한다. 이렇게 한 사람은 하나의 게놈을 갖는 게 아니라, 수십억 개의 조각으로 구성된 양탄자를 갖는다. 그 조각들 또한 계속 닮은꼴이기는 하지만, 동일하지는 않다. 그럼에도 수집된 데이터와 적절한 통계적 고려를 통해 많은 것을 알 수 있고 말할 수 있다. 유전적으로 가장 차이가 나는 사람들도 여전히 세포 안에는 99.8% 동일한 유전자 서열을 공유한다. 유전자 텍스트에서 차이를 만드는 글자는 약 400만 개 정도다. 몇 년 전부터 알게 된 네안데르탈인의 게놈은 현대인과 0.5% 정도만 차이가 난다. 이렇게 인간은 독특하며, 인간의 유전자는 단지 작은 차이만을 보여줄 뿐이다. 한 인종의 우월성을 떠들어대며 자신들의 고유한 인종(보통 백인)이 있다고 생각하는 모든 멍청이는 이 사실을 명심해야 한다. 유전학에는 게놈으로 정의될 수 있거나 더 우월한 존재로 규정될 수 있는 어떤 인간 집단도 없다.

그동안 과학은 역동적으로 변하는 게놈에 익숙해졌고 신뢰할 만할 DNA의 차이점을 발견하기 시작했다. 세포들은 여러 번 분열해야 한다. 분열할 때 작동하는 분자의 복사 장치가 완벽하다고 생각하는 건 너무 과도한 기대다. 인간 유전학자들의 평가에 따르면, 정교한 기계 같은 세포의 기능은 대단히 정확하게 작동하지만, 세포분열을 위해서 수행되어야 하는 게놈 복사 때 3개 정도의 오류가 발생한다. 30억 개가 넘는 염기 서열 개수를 생각하면 구성 요소에서 매우 적은 실수라고 할 수도 있다. 태아는 자궁에서 40번의 세포분열을 해야 한다. 40이란 숫자가 그리 커 보이지 않지만, 자신의 몸 안에 이미 100개도 넘는 변이들이 생겼다는 뜻이다. 이 상황을 대담하게 요약한다면, 인간은 수정된 채 그대로 태어나지 않는다. 모든 인간은 자신의 생명이 시작되었던 수정란과 이미 유전적으로 다르게 태어난다는 것이다.

인간 존재를 세포 안에 있는 게놈의 염기 서열로 분명하게 밝힐 수 있다는 생각은 더욱 근거를 잃어버렸다. 이와 관련된 프로젝트가 시작되었을 때, **호모 사피엔스**의 게놈에서 생명을 형성하고 이어가게 해주는 10만 개 이상의 유전자를 찾을 것이라고 유전학자들은 확신했었다. 그러나 서열화 작업을 끝낸 후 인간 유전자 개수가 2만 개를 넘지 않음을 유전학자들은 인정해야 했다. 유전자 3만 개를 가진 아메바보다도 적은 수다. 이 모든 것에서 생명체의 복잡성과 발전은 확실히 유전자 혼자 결정하는 일이 아님을 배울 수 있다. 덧붙여 인간 게놈 프로젝트는 소크라테스의 지혜 "나는 내가 모른다는 것을 안다."를 여러 차례 겹겹이 확인해 주었다. 이 프로젝트의 대표자들은 생명의 내부로 가는 여정에서 자신들이 알고 있는 것이 얼마나 적은지 확인해야 했다. 그뿐만 아니라, 자신들이 이용할 수 있는 지식 또한 얼마나 적은지 알게 되었다. 그렇지만, 유전자 연구자들은 조사된 유전자 염기 서열 정보의 신뢰도를 높이고 이 정보 전달의 속도를 키우는 데는 성공했다. 가장 앞선 프로젝트는 2003년에 완료되었으며, 한 사람의 게놈을 밝히는 데 10년이 걸렸다. 그 이후에 300명의 게놈을 하루 만에 해독할 수 있는 기계가 생겨났다. 곧 수백만 명의 사람이, 그리고 신생아들도 자신들의 유전자 지도를 볼 수 있게 될 거라고 예측할 수 있다. 이런 상황은 많은 윤리적 질문을 낳는다. 당장 이런 질문을 던질 수 있다. 인간이 알 수 있는 지식의 경계는 어디까지인가? 인간은 그런 한계를 정해야만 할까? 그러나 인간은 또한 자신에게 무언가 금지되었을 때, 바로 그때 도전 욕구가 생긴다는 것을 알고 있다.

이런 미래가 오기 전에 이미 인간은 다음 질문에 답하려 하고, 답하게 될 것이다. 게놈의 단지 몇 퍼센트만 유전자로 인식될 수 있다면, 무엇을 또 게놈에서 발견할 수 있을까? 이 적은 숫자로 어떻게 이런 질문을 던지는 복잡한 존재 생성이 가능할까? 첫 번째 질문에 대해 과학자들은 방대한 DNA 염기 서열로 대답한다. 과학자들은 이 염기 서열들에 구조적 이름을 붙이지만, 생명을 위한 그들의 과제를 완전하게 설명하지는 못한다. 예를 들어, 여러 번 반복되는 반복적 DNA 조각들이 있는데, 그 반복되는 숫자는 사람마다 다를 수 있다. 이 반복된 DNA 조각의 염기 서열에서 반드시 있어야 하는 유전자 조절 요소가 발견될 수 있다고 추측하고 있다. 왜냐하면, 예를 들어 간세포와 근육세포는 비슷한 게놈을 소유하고 있지만, 이들은 각자의 과제를 채우기 위해 수집된 정보를 동시에 그리고 완전히 다르게 이용하기 때문이다.

'어떻게 그렇게나 적은 유전자가 수많은 세포의 특성을 만들 수 있을까'라는 질문의 대답 하나를 이 관계에서 찾을 수 있다. 중요한 건 생화학적 활동을 가능하게 하는 유전자가 아니라 유전자 생산물이다. 유전자 생산물은 유전 정보들과 함께 생겨나며 단백질로 알려져 있다. 비록 인간 세포는 적은 유전자만을 갖고 있지만, 각각의 유전자는 많은 조각으로 구성되어 생물학적 개입 과정에서 다양하게 결합하고 조립될 수 있다. 최신 연구가 알려주듯이, 인간 세포는 약 2만 개의 유전자에서 8만~40만 개의 단백질을 완성한다(이 과정이 어떻게 통제되는지는 여전히 알려지지 않았다). 이 단백질들은 홀로 활동할까? 아니면 네트워크를 만들 수 있을까? 아주 좋은 질문이다. 연구를 통해 그사이 소위 상호작용체를 발견할 수 있었다. 단백질들은 상호작용체 안에서 쌍을 이루어 함께 활동하는데, 이미 13만 개의 상호작용이 이름을 올렸다. 그 밖에도 수십 개의 단백질이 만나고 결합하면 세포의 세포소기관들이 만들어진다. 여기서 단백질 자체로는 결코 존재할 수 없었을 리보솜 같은 구조가 만들어질 수 있다. 닭이 먼저인가, 달걀이 먼저인가라는 오래된 질문이 분자 단위에 도달하게 된 것이다. 생명은 게놈에서 출발하여 위로 상승하는 역동성이 가득 들어 있으며, 쉽게 아래로 내려가지 않는 엄청나게 흥미진진한 게임이다. 게놈 안에 있는 조각들 절반 정도만 세포 안에 고정된 자리를 잡고 있다.

과학은 나머지 뛰어다니는 성분들을 트랜스포존Transposon 이라고 부른다. 트랜스포존은 자신들의 장소도 바꿀 수 있을 뿐 아니라, 자신을 복사할 수 있으며 게놈 안에 나누어 줄 수도 있다. 지금까지 주인을 위한 이 DNA 조각들의 용도를 알지 못하기 때문에 이를 기꺼이 '이기적 유전자'라고 불렀지만, 이렇게 묘사하는 인간을 제외하고 누가 이 분자들에게 이런 성질을 부여했는지 아무도 말할 수 없을 것이다.

다른 한편으로 인간 게놈과 유전자는 놀라운 사실을 규명할 다양한 기회를 제공한다. 특히 쓸모없어 보이는 DNA의 염기 서열이 고고유전학이라는 새로운 학문을 탄생할 수 있게 해주었다. 고고유전학을 통해 우리는 인류의 초기 역사에 대해 새롭고 놀라운 통찰을 얻을 수 있다. 고고유전학은 약 20년 전부터 활발한 연구를 펼치고 있는 학문이다. 고고유전학은 산악 지역의 동굴에서 나온 산딸기만 한 손가락 마디에서 세포를 추출하여 DNA 염기 서열을 정할 수 있다. 이 연구 결과에 따르면, 유럽의 인종은 세 개의 큰 이주민 집단이 불균등하게 결합되어 있다. 가장 오래된 수렵 채집 집단이 있었고, 이들에 이어 약 8000년 전 발칸 지역 출신의 아나톨리아 농부들이 유럽에 들어왔으며, 그다음 약 5000년 전 동쪽에서 온 산악 스텝 지역 부족들이 여기에 결합했다.

고고유전학은 인간의 이주를 추적할 수 있을 뿐 아니라, 이주와 진입 과정이 평화로웠는지, 아니면 폭력적이었는지도 말할 수 있다. 이를 설명하기 위해 유전학자는 오직 어머니를 통해서만 유전되는 미토콘드리아라는 이름의 세포소기관과 아버지로부터만 전해지는 Y 염색체의 DNA 서열을 집중적으로 탐구한다. 과거와 현재 유전자 서열의 비교 분석을 통해 의심의 여지 없는 결과가 나온다. 젊은 남성 정복자들이 동쪽에서 무리지어 왔고 마주치는 여성을 취했다. 이 과정이 결코 평화적이지 않았음을 추측할 수 있다.

DNA 서열 비교 연구를 통해 새로운 **사람** 종을 확인할 수 있었다. 시베리아에 있는 데니소바Denisova라는 동굴에서 나온 유물을 깊이 있게 분석한 끝에 새로운 사람속의 존재를 확인할 수 있었다. 이 데니소바인들은 비록 유전적으로 차이는 있지만, 네안데르탈인뿐만 아니라 현생 인류인 **호모 사피엔스**와도 친족 관계다. 현생 인류는 네안데르탈인뿐만 아니라 데니소바인들과도 짝짓기를 했다는 사실도 밝혀졌다. 심지어 2018년에는 약 9만 년 전 네안데르탈인 엄마와 데니소바 동굴의 한 남성 사이에서 태어난 소녀의 게놈도 해독할 수 있었다.

아마도 미래에는 더 많은 뼈, 치아 혹은 DNA가 포함된 다른 유물들이 등장하여 선조들의 이동 경로와 오늘날 인간들과 그 선조들 사이의 혈연관계를 더 많이 알게 될 것이다. 그리고 여기서 나오는 그림과 계통도는 더욱 복잡해질 것이다. 어쨌든 지금까지 알려진 고고유전학 또는 고유전학의 정보에 따르면, 수백만 년 전에 인류와 침팬지 조상의 진화는 확실히 아프리카에서 일어났다. **사람속**의 유전적 뿌리는 아프리카에 있다는 것이다. 또한, **호**

모 사피엔스 일원들은 아프리카를 떠날 당시에 특별히 복잡한 언어를 사용할 수 있었다. 반면에 네안데르탈인들은 단순한 형태로 된 단어들로만 의사소통을 했다. 네안데르탈인들이 **호모 사피엔스**에 비해 임신 활동이 떨어져서 멸종된 것이라면, 이런 호기심 어린 질문이 생길 수도 있겠다. 언변이 좋은 호모 사피엔스가 데이트에 더 성공적이지 않았을까?

언어 차이에 대한 발견은 우선 발음과 언어를 위해 필요한 후두 구조의 해부학적 연구에서 나온 결론이다. 네안데르탈인의 경우 오늘날 인류의 후두 구조보다 덜 정교하다. 그 밖에 FOXP2라는 유전자가 있는데, 이 유전자는 인간의 언어 능력에 매우 중요한 역할을 한다. 이 유전자에 변이를 가진 사람은 복잡한 문장 구성을 할 수가 없다. 네안데르탈인은 거의 이 같은 형태의 변이를 갖고 있다(여기서 FOXP2를 '언어유전자'라고 부르는 건 다소 과장된 표현이 될 것이다. 말을 하지 못하는 물고기와 쥐도 이 유전자를 이용하기 때문이다).

언어라는 주제는 시선을 유전자에서 거두어 인간 자체에 관심을 갖게 해준다. 유전자 염기 서열이 계속해서 관심을 요구하기 전에 이미 인간은 언어에 대해서 많은 사유를 했었다. 동물의 왕국에서 빠져나온 인간을 가능한 한 짧게 표현하고 싶은 사람은 직립보행과 그 덕분에 자유로워진 손에 대해 말할 것이다. 자유로워진 손은 도구를 만들고 능숙하게 다룰 수 있게 했다. 커져가는 뇌의 크기도 지적해야 할 것이며, 언어를 통한 의사소통 능력도 당연히 무시하면 안 될 것이다. 직립보행은 수백만 년 동안 인간의 뛰어난 능력에 속했다. 한편으로는 진화가 이런 위험한 자세 변화를 시도했다는 데 감탄할 수도 있다. 당연히 직립보행으로의 진화는 세계를 더 쉽게 붙잡을 수 있는 손이라는 명백한 장점을 제공한다. 그러나 직립보행 하는 존재는 쉽게 비틀거리고 넘어질 수 있다. 그 밖에도 곧게 선 몸통은 늘어나는 두개골의 무게를 견뎌야 했으며, 여기서 불가피하게 나타난 허리 통증은 오늘날까지도 인류의 골칫거리다. 직립보행의 단점은 특히 여성에게 더 나타났다. 태아의 크기는 그대로인데, 태아가 세상으로 나오는 길인 여성의 산도는 좁아졌기 때문이다. 엄마의 생명을 너무 위험하게 만들지 않기 위해 아기들은 아돌프 포르트만Adolf Portmann이 말한 생리적 조산아가 되기 시작했다. 여기에는 좋은 소식과 나쁜 소식이 하나씩 들어있다. 먼저 유발 하라리Yuval Harari가 자신의 책 『사피엔스: 유인원에서 사이보그까지』에서 말했듯이, "한 아이를 키우는 데 부족 전체가 필요"하게 되었다. 진화는 인간에게 강력한 사회관계 형성을 촉구했던 것이다. 다른 한편으로, 부모와 가족 앞에 있는 유아는 유연하고 변화 가능성이 극단적으로 높다. 유전적 노끈에 느슨하게 묶여 있는 아기가 살아가는 동안 어떻게 변할지 누구도 알지 못하게 된 것이다.

좋은 소식과 나쁜 소식이 각각 무엇인지 밝히지는 않더라도, 직립보행이 인간을 사회적 존재로 이끌었다는 점, 그리고 상호 의사소통이 사회적 존재에게 당연히 큰 장점이라는 점은 지적할 필요가 있다. 언어의 기원에 대해 더 이야기하기 전에 먼저 더 커진 신체 기관, 즉 인간의 뇌에 관심을 둘 필요가 있을 것이다. 뇌 덕분에 대단히 미숙한 인간에서 뛰어난 학습 능력이 있는 존재로 세상에 나타나게 되었다. 뇌는 사람 신체 무게의 몇 퍼센트밖에 차지하지 않지만, 무려 신체 에너지의 1/4을 요구한다. 이런 뇌가 무슨 일을 수행하는지 입증할 필요가 있다. 어쨌든, 두개골 안에 들어 있는 85만km에 달하는 신경 섬유가 쉬지 않고 활동하며, 머릿속에 있는 기억은 약 1PB페타바이트(10^{15}B바이트)로 월드와이드웹의 전체 크기와 맞먹는다는 점은 지적해야 한다. 아르투어 쇼펜하우어Arthur Schopenhauer는 머리에 대해 "머리: 세상을 가득 채우고 베개를 벤다."라고 경탄했는데, 대단히 적절한 표현이었다. 쇼펜하우어는 의식에 대해서도 생각했었다. 오늘날 뇌 연구자들도 의식에 관해 많은 작업을 하고 있지만 아직까지 무엇이 신경 활동을 의식이 **없는** 뇌파와 구분해 주는지 말하지 못하고 있다. 이런 이유로 이 주제는 완성되지 않으며 대신 질문이 제기된다. 왜 인간의 뇌는 수백만 년 동안 큰 원숭이들의 뇌와 완전히 다르게 발전했을까? 사람들은 요리, 그중에서 특히 육식이 사고기관의 성장에 기여했다고 상당히 확신한다. 육식은 뿌리, 잎, 열매를 먹는 경우보다 더 많은 열량을 소모하게 할 수 있고, 배고픈 이들에게 더 많은 열량을 제공할 수 있었기 때문이다. 그러나 뇌의 크기와 여기에 속하는 지력이 위에서 말한 경향으로 가게 만든 것은 무엇일까?

과학에서는 '사회적 뇌 가설Social Brain Hypothesis'이 하나의 해답으로 유통되고 있다. 이 주장의 바탕에는 인간의 생존 능력은 다른 종들보다 복잡한 사회 조직들 덕분이라는 생각이 깔려 있다. 이 복잡성이 높은 인지 능력을 요구한다는 것이다. 사회 집단의 크기는 '신피질'이라고 불리는 뇌 영역의 상대적 부피와 관련이 있다고 한다. 이 사실이 사회적 뇌 가설을 지지하는 핵심 증거다. 신피질은 대뇌피질로도 알려져 있으며, 인간의 계통 발생 과정에서 발전하였다. 심지어 인간의 신피질 크기로 사람들이 만들

집단의 크기도 예측할 수 있다. 여기서 약 150이라는 숫자가 나온다. 과학에서는 이를 '던바의 숫자Dunbar's number'라고 부르는데, 영국의 인류학자 로빈 던바Robin Dunbar가 처음 제안하고 증명했기 때문이다. 이 수는 인간 사회에서 놀랄 만큼 보편적으로 적용됨이 증명되고 있다. 수렵 채집 집단의 평균 크기가 150명 정도이며, 이는 산업 혁명 이전 유럽의 마을 크기와 비슷하다. 150은 계속해서 발견된다. 독립적으로 작전을 수행할 수 있는 작은 부대 단위(중대)의 전형적인 크기도 150명이다. 개인의 사회적 네트워크의 평균 크기에서도 이 숫자를 만난다. 그 밖에도 많은 예가 있다.

사회적 복잡성을 관찰하면 인간이 만드는 사회 네트워크의 모양을 알 수 있다. 사회적 네트워크는 계단 모양 구조이며, 불연속적 단계를 보여준다. 한 개인은 5, 15, 50, 150명 규모의 사회 네트워크를 구성하게 된다. 한 사람은 약 5명의 사람과 깊은 신뢰 관계에 있고, 약 15명의 좋은 친구가 있으며, 약 150명 정도 그냥 아는 사람과 관계를 유지한다는 의미다. 누구나 직접 검증해 볼 수 있을 것이다. 한편, 실리콘 밸리에 관한 보도에 따르면, 그곳에서 일하는 주요 인물들은 성공 가능성을 놓치지 않기 위해 5~10명 규모의 그룹을 만들어 함께 일한다. 150명 이상과 관계를 맺는 경우는 거의 없다. 물론 사람들은 이보다 많은 이들을 알고 지낸다. 예를 들어 동네 의사, 학교 선생님, 집배원 같은 사람들이 그들이다. 그러나 그들과 인사는 나누겠지만, 아마 생일 초대는 망설일 것이다.

이 관찰로부터 다시 자연스럽게 언어라는 주제로 돌아가게 된다. 처음에 언어는 잡담과 수다를 더 활발하게 나누는 데 이용되었다. 오늘날에도 여전히 이를 위해 이용되고 있다. 다른 사람과 수다를 떨고, 누가, 언제, 누구와 함께 있는 걸 보았는지 말하기 위해 언어를 사용한다. 그럼 인간은 언제부터 어떻게 언어를 사용하게 되었을까? 오늘날에는 보통 첫 번째 호모 사피엔스들이 처음 지구 위를 돌아다니던 때에, 늦어도 수십만 년 전에는 언어 사용에 성공했었다고 생각한다. 찰스 다윈은 1871년에 나온 자신의 책 『인간의 유래The Decent of Man』에서 이 질문을 깊이 다루었다. 다윈은 암컷 새를 유혹하려는 수컷 새의 노래에서 강한 인상을 받았고, 여기서 음악적인 조상언어를 추론하였다. 인간의 경우 자연 선택 이외에도 성적 선택이 존재하며, 특히 여성에 의해 그 선택이 이루어진다고 보았다. 다윈이 생각하기에, 후손을 얻기 위해서 여성이 더 많은 것을 투자해야 하며, 그래서 남성들은 호감을 얻기 위해 여성들 앞에서 자신들을 보여주어야 했다. 수컷 새들은 점점 더 복잡한 멜로디를 발전시켰으며, 사람들 사이에서는 서서히 언어가 생겨나 유혹의 약속을 건넬 수 있게 되었다.

다윈의 가정은 대다수 생물학자의 눈에 증거가 부족해 보였다. 그래서 그들은 다른 아이디어들을 떠올렸다. 예를 들면, 몸짓과 손짓이 풍부한 조상언어를 가정하거나, 동물이나 다른 자연의 소리를 흉내 낸 '의성어Onomatopoese'를 조상언어와 연결해 보기도 했다. 최근에 언어학자들은 위에 언급된 생각들을 하나로 모으려고 한다. 그리고 이런 관점을 제시한다. 노래와 음악적 조상언어 또한 몸짓과 손짓만큼 중요하다. 오늘날까지 인간들은 말할 때 손짓을 멈출 수 없으며, 동물의 소리를 흉내 내는 일도 사람들에게 큰 기쁨을 준다. 노래를 부르면서 숨 조절을 추가로 배울 수 있는데, 숨 조절은 말할 때도 중요한 요소다. 그 밖에도 노래는 몸에서 호르몬(엔돌핀) 분비를 촉진한다. 엔돌핀은 사회적 유대를 강화해 준다. 지금 다윈을 다시 읽으면, 다윈이 이 모든 점을 깊이 생각했으며 노래, 몸짓, 그리고 의성어도 이미 언급했다는 사실을 확인하게 될 것이다.

오늘날 언어학자들은 6000개가 넘는 언어를 알고 있다. 언어와 생명은 한 번 생겨난 후 분화되었다는 공통점이 있다고 많은 연구자는 확신한다. 언어의 계보를 분류할 때, 앞에서 언급된 고대 유물 뼈의 유전자 분석이 도움을 준다. 스텝 지역에서 유럽으로 들어왔던 세 번째 이주민들이 새로운 언어도 함께 가져왔으며, 이 언어가 나중에 분화되었다는 것이다. 현재 고고학과 유전학의 지식에 따르면, 인도유럽어는 아르메니아, 아제르바이잔, 터키 동부, 그리고 이란 북서부 지역에서 기원했다. 아이슬란드어, 힌두어뿐 아니라 독일의 사투리인 팔츠어와 저지독일어도 인도유럽어라는 거대한 어족에 속한다. 그러나 인도유럽어가 유럽의 모든 언어를 포함하지는 않는다. 예를 들어 바스크어, 헝가리어는 여기에 속하지 않는다.

언어에 대해, 그리고 유전자에 대해 숙고하는 사람은, 언어가 어떻게 기록될 수 있었는지 묻게 된다. 문자 또한 고유한 역동적인 역사를 갖고 있다. 우리가 만들 수 있는 행복 가운데 아마도 가장 큰 행복을 제공하는 기록은 악보일 것이다. 악보는 시간을 초월한 아름다운 예술 작품들을 보존해 주었다. 악보는 고대 인도와 기원전 6세기 그리스에 등장했다. 11세기에 나온 4선 악보는 귀도 다레초Guido d'Arezzo의 획기적인 생각 덕분이었다. 여기서 절대음을 표기하는 계이름도 확립되었다. 이제 연주자, 시간, 공간과 상관없이 멜로디를 재생할 수 있게 된 것이다.

음악의 시작은 언제나 종교의식 및 의례와 관련이 있으며, 이 분야에서는 이미 이른 시기에 악보가 나왔다. 이처럼 처음에 세속의 영역에서는 문자를 상당히 하찮게 여겼다는 느낌을 받는다. 그다음 인간은 사물에 대해 기록했다. 초기 메소포타미아나 이집트의 초기 통치 시대에 창고 관리를 위한 첫 번째 문자가 등장했다. 이 생각은 여전히 기발하며 오늘날에도 여전히 활용되고 있다. 문자가 서서히 사물로부터 분리되면서 문자가 전하는 메시지는 더 복잡해지고 추상화될 수 있었다. 이 변화는 진정한 혁명을 가져왔다. 메소포타미아에서는 처음에 흔하게 존재하던 부드러운 점토로 판을 만들어 문자 전달 매체로 사용했다. 불 속에서 단단하게 구워진 이 점토판들은 오래전에 몰락한 문화를 전해주어 우리의 지식을 풍부하게 해주었다. 이집트에서는 나일강에서 자라는 갈대 파피루스를 문자 전달 매체로 활용할 수 있음을 알게 되었다. 특별히 건조한 기후 조건 아래 있었던 몇몇 파피루스 문서들은 오늘날까지도 보존되어 있다. 첫 번째 '종이'는 중국인에 의해 늦어도 기원전 2세기 초에 생산되었는데, 파피루스가 아니라 자투리 비단으로 만들었다. 아랍의 영향 덕분에 유럽에서는 12세기 이후 종이로 작성된 문서를 알게 되었다. 이때부터 종이는 지식의 확장과 함께 터무니없고 무의미한 내용의 전달을 동시에 해냈다. 예를 들어, 마르틴 루터Martin Luther가 로마 가톨릭교회의 의도를 의심하게 만들었던 면죄부는 15세기 이후에는 전부 종이로 만들어졌다. 종이는 루터의 종교 개혁, 그 이후 일어나는 농민 전쟁과 여러 혁명에서 선전 팸플릿의 재료가 되었다. 19세기 종이의 대량 생산이 기술적으로 가능해진 후에 신문이 대량으로 발행되었으며 베스트셀러가 시장에 등장했다. 오늘날 디지털 미디어도 지식을 성공적으로 전달하지만, 지식 전달이라는 목표에서 종이의 위치는 여전히 약화되지 않은 것처럼 보인다.

21세기가 시작될 때 미국 대통령 빌 클린턴Bill Clinton은 인간 게놈 프로젝트의 결과를 처음으로 발표했다. 이 특별한 종류의 지식을 발표하면서 다음과 같이 말했다. "오늘 우리는 신이 생명을 창조했던 그 언어를 알게 됩니다." 이런 관점을 불편해하는 사람도 많이 있지만, 실제 많은 유전학자들은 '인간 유전물질 안에 들어 있는 언어'라는 생각을 오랫동안 진지하게 받아들였다. 그리고 학술지들이 '인간 유전자 편집Human Gene Editing'으로 소개하는 일들을 실행하는 꿈을 꾸고 있다. 유전학자들은 박테리아를 통해 알게 된 개입 방법을 응용하려고 한다. 박테리아는 이 방법의 도움으로 바이러스의 명령을 막아낸다. 박테리아는 복잡한 기계장치 같은 자신의 면역계를 이용하여 자신들을 괴롭히는 미세한 적, 바이러스의 특정 유전자를 잘라내고 대체할 수 있다. 뜻밖에도 이 면역계는 다른 세포에서도 잘 작동하면서 정확하게 다른 세포의 유전물질뿐만 아니라 인간의 유전자까지도 바꿀 수 있다. 한편, 진화라는 맥락에서 기대할 수 있듯이, 바이러스도 공격 목표로 정한 희생자 박테리아의 방어체계를 극복하는 법을 배웠다. 어떤 박테리아 안에 침입하는 데 성공한 바이러스는 자신의 성공을 분자 신호를 통해 알린다. 이 분자 신호는 다른 바이러스를 초대하는 초청장이다. 이미 바이러스 단계에서 사회생활의 장점이 드러나는 것이다.

박테리아의 이 방어법을 크리스퍼-캐스9CRISPR-Cas9이라고 부른다. 발음하기가 쉽지 않다. 이 방어법은 마치 편집자가 하는 편집 작업과 같다. 편집자는 익숙한 문자로 구성된 텍스트를 다루면서 적절하지 않은 단어들에 줄을 긋고 다른 단어를 첨가한다. 박테리아도 정확하고 계획에 맞게 게놈에 투입하여 유전자라는 텍스트에 삭제와 수정 작업을 진행할 수 있다. 이 수정 과정을 '게놈 편집'이라고 부르며, 오늘날 중국이 농작물의 수확량을 최대로 늘리기 위해 엄청난 규모로 이 작업을 하고 있음을 과학계는 알고 있다. 제1차 세계대전 때 나왔지만 아직까지 유효한 "과학으로 중국을 구하자!科學救國"라는 생각이 이런 역사적인 대규모 작업을 가능하게 한다. 인간과 관련된 유전자 편집을 생각해 본다면, 특정 유전자가 치명적인 혈액

병 같은 난치병을 일으키거나 장기적으로 인지 기능의 약화를 가져온다면 유전자를 교체할 수 있을 것이다. 이런 조작이 환자에게 도움이 된다면, 누구도 반대의 목소리를 높이지 못할 것이다. 그러나 이 유전자 편집 과정에서 진화를 통해 등장한 어떤 유용한 유전자들도 마법처럼 사라질 거라는 걸 우리는 인정해야 한다. 그 유전자들이 우리에게 어떤 놀라움을 안겨줄 수 있는지 우리는 아직 이해하지 못한다.

유전자 혹은 게놈의 수정 및 편집과 관련해서 누구에게나 제기되어야 하는 중요한 질문은 각자의 인간관에 대한 질문이다. 나는 이 지점에서 이사야 벌린Isaiah Berlin의 생각을 지지한다. "인간이 어떻게 살아야 하는지에 대한 객관적이고 올바른 해답을 기본적으로 발견할 수 있다는 관점 그 자체가 기본적으로 틀렸다." 그리고 이 오래된 관점에 벌린은 개인적 경고를 덧붙였다. "완전한 삶에 대한 광신보다 인간의 삶에 파괴적인 것은 없다고 나는 믿는다." 이를 아는 게 다른 모든 것보다 중요하다.

· CHAPTER 5 ·

역사의 변혁

"과학자가 카이사르보다 세상을 더 크게 바꿀 수 있다는 것을 나는 이미 오래전에 알아냈다. 그리고 그 일을 하는 동안 과학자는 조용히 구석에 앉아 있을 수 있다는 것도 알게 되었다." 베를린 태생의 노벨상 수상자인 막스 델브뤼크가 한 말이다. 델브뤼크는 학생이었던 1920년대에 현대 물리학이 창조되는 과정을 경험할 수 있었다. 이 현대 물리학은 이후 원자에너지 이용, 스마트폰에 들어가는 반도체의 구성, 레이저 광선의 생성을 비롯한 많은 일을 가능하게 했다. 활동적인 과학자로서 델브뤼크는 제2차 세계대전 동안 분자생물학의 길을 닦았는데, 이 길 위에서 유전공학과 많은 게놈 프로젝트들이 발전하였다. 이 두 과학 분야는 연금술사들이 고심하며 수행했던 인간과 자연의 최적화에 혁명적이라고 할 만한 새로운 차원을 열었지만, 너무 과도하게 언급되는 바람에 그 가치가 하락하면서 의미가 퇴색되었다. 철학은 '전환'에 대해 말하기를 좋아하고, 정치는 '변화'라는 개념을 선호한다. 1945년 버니바 부시Vannevar Bush가 미국 대통령에게 「과학-끝없는 프런티어Science-The Endless Frontier」[1]라는 보고서를 제출했을 때, 델브뤼크는 이런 전환과 변화의 가장 강력한 영향을 경험할 수 있었다. 미국인들은 이 보고서를 주의 깊게 읽었고, 그 후 수십 년 동안 부시의 생각을 수백만 개의 사례에 적용했다. 컴퓨터 산업의 집적회로, 인공위성과 GPS, 심박조절기, 종양의 방사능 치료, 자기공명영상, 생명공학, 구글 검색 엔진, 인터넷 등이 그 예다. 언급된 과학기술들의 성과는 현재 미국 총생산의 절반인 약

1 과학의 진보는 국민의 이익과 직결되기 때문에 국가에서 지원해야 한다는 내용을 담은 보고서. 루스벨트 대통령의 과학자문이자 메사추세츠공과대학교MIT의 교수였던 버니바 부시가 작성하였으며, 이 보고서 덕분에 미국은 전 세계 과학기술의 중심국이 될 수 있었다.

95조 달러의 경제 가치를 생산한다. 텔레비전과 달 착륙을 포함하여 이런 업적들은 뉴턴과 라이프니츠까지 거슬러 올라가는 미적분학 없이는 생겨나지 못했을 거라고, 역사학자들은 분명하게 지적해야 한다. 미적분학에 대해서는 나중에 설명하겠다. 고요 속에 생겨났던 이 수학 공식에 누구도 특별한 임무를 부여하지 않았다. 델브뤼크는 1939년에 나온, 프린스턴 고등 연구소의 설립자인 에이브러햄 플렉스너Abraham Flexner가 쓴 에세이도 잘 알고 있었다. 이 에세이에서 플렉스너는 충족되지 않는 인간의 호기심이 방해받지 않고 전개될 기회를 얻을 때만 유용한 지식에 기여할 수 있음을 설명하기 위해 『쓸모없는 지식의 쓸모The Usefulness of Useless Knowledge』를 서술하였다. 18세기 수도원 정원에서 완두콩 위에 몸을 숙인 채 그 특징을 계산하였던 그레고어 멘델, 베른의 특허청에서 일하면서 지붕에서 떨어지는 사람은 자신의 무게를 더는 느끼지 않음을 갑자기 알게 된 후 이 문제를 계속해서 깊이 사유하기 시작했던 알베르트 아인슈타인이 그 예다.

실험실의 논리보다 머릿속에 있는 창조성이 더 중요하다는 사실을 역사학자들이 이해하게 되었을 때, 그들 중 한 명인 토머스 쿤Thomas Kuhn은 『과학 혁명의 구조The Structure of Scientific Revolutions』를 집필했다. 이 책은 농업에서 '녹색 혁명'이 일어나고, 젊은이들이 '성 혁명'을 꿈꾸던 때에 출판되었다.

그사이에 역사학자들은 인간 역사를 인지, 농업, 과학 '혁명'의 결과로 설명하고, 전체 생명을 이 영원한 혁명 속에 놓아두었다. 순서를 파악하고 싶은 사람들은 이 혁명에 각각 1차, 2차, 3차 혁명이라는 이름을 붙였다. 당연히 이 혁명들은 현재의 4차 혁명보다 먼저 일어났다. 한편, 암흑기로 여겨졌던 '중세의 과학 혁명'을 다룬 책들도 나오고 있는데, '낭만주의 혁명'이 지금까지 알려진 것보다 근대의 윤리와 정치에 더 큰 영향을 미쳤듯이, 역사학자들은 중세 과학의 역사를 새롭게 발견했던 것이다. 이렇게 혁명의 바퀴는 계속 굴러간다. 그러나 종종 안타깝게도 반드시 전진하는 건 아니며 맴돌기만 할 때도 있다.

어찌 되었든, 인류의 역사 안에 인식의 혁명사를 작은 분량이라도 집어넣고, 이 혁명사에서 '과학'의 변혁적 힘을 충분히 강조하려는 사람이라도, 미국 혁명(1776년), 프랑스 혁명(1789년), 독일 혁명(1848년/1849년), 러시아 혁명(1917년), 중국 문화 혁명(1966~1976년), 이란 혁명(1979년), 또는 이슬람 칼리프 국가 설립의 시도(2014년)와 그 밖의 다른 정치사회적 혁명의 희생자들을 무시하거나 경시하지 못하며, 절대로 이들에게 작은 공간만을 할당하지는 못할 것이다. 한편으로 이 역사는 보편 인권의 선언과 함께 새로운 의식의 단계를 대표하고, 대단히 중요한 진보를 가져왔다. 그러나 전 세계에서 이 진보의 완전한 성취는, 특히 여성의 실제 삶을 볼 때 아직 멀었고, 끝나지 않은 과제로 여전히 남아 있다. 다른 한편으로 이 역사는 자유와 평등을 위한 싸움에서 무수히도 많은 희생자를 요구했다. 이런 노력 속에서 인간을 소외하는 통치 구조를 극복할 수 있었고, 인간을 무시하는 체제가 전복될 수 있었다. 어떤 혁명들은 수백만 명의 생명을 희생해야 하는

데도, 처음부터 분별없는 이념에 사로잡힌 집단의 권력을 보장하는 데만 목적이 있었다. 또는 가짜 신으로 신들을 대체하는 혁명도 있었는데, 거기서도 선을 향한 진보는 찾을 수 없다.

더 가까이에서 관찰하면, 이런 정치, 종교, 사회 혁명들이 대부분 오랜 시간이 걸리는 과정의 결과임이 드러난다. 그래서 우리는 '혁명'이란 단어를 엄밀하게 사용하려고 하는데, 실제 짧은 시간에 일어나는 급작스럽고 근본적인 변화로 이해하려고 하고, 오랜 시간에 걸쳐 서서히 일어나는 사건과 구별하려고 한다. 후자의 변화를 말하는 개념으로 '진화'가 있는데, 찰스 다윈 이후로 이 개념은 특별한 의미를 갖게 되었다. 다윈의 과학 혁명 이후에도 인간은 여전히 창조의 꼭대기에 있다. 그러나 인간이 이 자리에 있는 것은 하늘에 있는 신이 정해줘서가 아닌 자연의 선택 과정 덕분인데, 이 자리를 위해 필요한 능력을 인간에게 제공해 주었기 때문이다.

다윈이 자신의 생물학적 착상을 발전시키기 수십 년

전에 "어떤 창조적인 능력이 있는" 존재로 인간을 이해하는 낭만주의 문화 혁명이 일어났다. 이런 인간 이해는 역사가 인간을 만드는 게 아니라 반대로 인간이 역사를 만든다는 생각으로 이끈다. 이후 인간은 세계를 움직이는 존재라는 인식이 생기고 이 인식에 따라 스스로 변해갔는데 이렇게 인류는 역사 과정을 움직이는 원동자가 된다. 카를 마르크스Karl Marx는 1888년 『포이어바흐에 대한 테제Thesen zu Feuerbach』에서 세계를 바꾸자고 호소하면서 진화하는 세계를 혁명적으로 진전시키려고 한다. 마르크스의 생각을 보면서 나는 우주에 대한 오늘날의 이해를 떠올린다. 우주는 확장한다. 단순히 확장하는 게 아니라 점점 더 빨리 확장한다. 전문가들은 이것이 비밀스러운 암흑에너지 때문이라고 말한다. 말하자면, 혁명이라는 그림 속에서 인류는 역사를 추동하는 암흑에너지일 것이다. 이 암흑에너지가 일으킨 역사의 첫 번째 혁명은 이론을 통해서만 볼 수 있다.

이 첫 번째 혁명은 바로 언어 발달을 통한 인지적 전

환을 의미하며, 인간을 생물학적 특성으로부터 독립하게 만든 전환이다. 누구도 이 혁명의 정확한 시기를 말할 수는 없다. 다만 인간의 언어가 15만 년 전부터 존재했다는 관점을 여러 언어학자가 조심스럽게 밝히고 있다. 언어의 사용으로 인간은 존재하지 않는 과정과 대상에 대해 상상하여 말할 수 있게 되었다. 그렇게 인간은 **실재**를 묘사할 수 있었을 뿐 아니라, **가능성**도 발명하고 설명할 수 있었다. 이때부터 단 하나의 역사가 아닌 여러 이야기가 존재하게 되었다. 이런 변화는 누구도 피할 수 없는 어두운 이면을 나타나게 했는데 바로 거짓의 등장이다. 비록 인류에게는 진실로 존중받는 것을 말하기 위해 이 거짓이 필요하지만, 거짓이라는 어두운 면은 계속해서 인류를 괴롭히게 된다.

얼마 전까지 역사가들은 이런 거짓말을 했었다. 인간들이 약 1만 년 전에 수행했던 경제 방식의 변화를 성공으로 포장했던 것이다. 이 변화를 신석기 혁명이라고 축하했었다. 당시에 우리 선조들은 수렵 채집 생활에서 정착 생활과 농업 생활 양식으로의 변환을 완성했다. 과거 유랑하던 가족들의 생활 양식에 큰 변화가 일어났으며, 멀리 보면 이를 통해 기술 영역에서의 급속한 발전도 일어나 오늘날까지 유지되고 있다. 덧붙여 인간의 편의를 위해 환경의 계획적인 개발도 시작되었다. 그런데 최근에 학자들은 이 과정에 대해 다른 시각을 갖게 되었다. 유발 하라리는 이렇게 표현했다. "농업 혁명은 역사의 가장 거대한 사기였다. 농업으로의 전환은 인류에게 허리와 관절 통증부터 서혜부 탈장까지 특별한 고통만 한가득 쏟아부었기 때문이다." 이런 질병들은 뼈 화석 연구를 통해 증명되었다. 당시에 인간들이 밀을 길들여 재배하게 되었다고 연구 문헌들은 말한다. 그러나 실제로는 반대로 곡물이 인간들을 집에 묶어두었다. 말하자면 곡물이 인간을 길들였다. 그럼에도 정착 생활의 진화적 성공과 의심스러운 축복 사이의 관계를 이렇게 정리할 수 있을 것이다. 농업 혁명 이후 개별 인간의 삶은 더 나빠지고 힘들어졌지만, 전체적으로 이 혁명 덕분에 더 많은 사람을 부양할 수 있게 되었다.

첫 번째 정착은 약 1만 년 전에 이루어졌다. 그 가운데 근동 지역 요르단강 서쪽에 위치한 도시인 예리코Jericho와 터키 남동부 괴베클리 테페Göbekli Tepe에 있는 성전 유적지가 유명한데, 특히 괴베클리 테페의 유적지가 큰 주목을 받고 있다. 1995년 이후 발굴이 시작된 **배불뚝이 언덕**이라 불리는 이곳에서 그림문자로 치장된 인간 형상의 비석이 발굴되었다. 또한, 과거에 재배되던 곡물의 원형이 발견된 후 당시 발굴 책임자이자 얼마 전 너무 일찍 세상을 떠난 클라우스 슈미트Klaus Schmidt는 다음과 같은 결론을 내렸다. 당시 아나톨리아 동남부 지역에 정착했던 사람들은 밀을 재배하기 위해 정착했던 게 아니다. 이들은 수백 개의 거대한 비석과 원형 기둥으로 거대한 신전을 세우는 데 필요한 것을 마련하기 위해 정착 생활을 시작했다. 물질이 정신을 지배하는 게 아니라, 반대로 정신이 물질을 지배했던 것이다. 유프라테스, 티그리스, 나일, 황하와 같은 거대한 강을 따라 생겨났던 인간 역사와 문화적 업적을 보면 이런 상황이 보편적이라 말할 수 있다. 이 문화권들은 기원전 3000년 경에 생겨났는데, 특히 기원전 800년 경에 소위 축의 시대를 보여주었다.

카를 야스퍼스Karl Jaspers가 바로 이 개념을 1949년 자신의 책 『역사의 기원과 목표Ursprung und Ziel der Geschichte』에 도입했다. 이미 1946년에 야스퍼스는 〈유럽의 정신에 대하여Vom europäische Geist〉라는 강연에서 이 개념을 전개했으며, 그 내용은 다음과 같다. "그리스도교 신앙에서 그리스도는 역사의 축이다. 사물의 시작에서 최후의 심판까지 모든 사건은 그리스도를 향해 있으며, 그리스도한테서 나온다. 종교적 신앙을 약화시키지 않아도 되는 경험적 관찰에 따르면, 세계 역사의 축은 기원전 800~200년 사이에 놓여 있다. 이 시기는 호메로스Homeros부터 아르키메데스Archimedes까지 이어지던 때이며, 구약성서의 대예언자와 차라투스트라Zarathustra의 시대이기도 하다. 『우파니샤드Upaniṣad』와 붓다의 시대이면서, 노자, 공자, 장자를 다룬 『시경』의 시대다." 『시경』은 '노래들의 책'이란 뜻이며, 중국의 가장 오래된 시 모음집이다. 이 책은 많은 이들에게도 익숙한 음과 양이라는 두 가지 근본적인 힘에 대해서도 언급한다. 음과 양은 각각 어둠, 빛과 연결되어 있다. 음은 산의 그늘진 곳을 말하며 양은 태양이 비추는 곳을 가리킨다. 양지에 서 있는 사람은 어딘가에 어두운 음지가 있다는 걸 알게 된다. 오늘날 우리는 이런 음양의 존재를 훨씬 더 많이 알고 있다.

축의 시대라는 개념이 더 깊이 연구되면서, 인류에게 특별히 중요하고 미래지향적인 정신사적 발전이 시작되었다는 데에 고고학자들은 대체로 동의한다. 인도, 이란, 중국, 그리고 팔레스티나와 그리스 등의 고등문화권에서 전설 같은 이야기에 담겨 전승되던 신화적 사유는 인간 존재의 근본 조건과 올바른 행동에 대한 체계적 성찰이 시작되면서 종말을 고했다. 사회학자 한스 요아스Hans Joas에 따르면, "마치 공간을 분리하듯이 세속적인 것과 신적인 것을 분명하게 나누었다." 즉, 영어 단어 '스카이sky'와 '헤븐heaven'에서 드러나는 것처럼 이승과 저승의 분리가 일어났다. 수천 년전 이승과 저승이 인간의 사유 속에서 분리될 때, "저 너머 저승 세계에는 초월적 왕국이 존재한다."라는 생각이 생겨났는데, 아직까지 그 이유는 해명되지 않았다. 이 시기 전후에 "신화의 시대가 있었다. 신들은 이 세상에 머물렀고 세상의 일부였다. 즉 신적인 것과 세속적인 것은 실제로 분리되지 않았으며, 영적인 것과 신적인 것을 직접 조작하고 그들에게 직접적인 영향을 미칠 수 있었다. 축의 시대에 나온 새로운 구원종교와 철학들이 이 두 영역 사이에 거대한 틈을 만들었다. 그들의 중심 생각은 이러했다. 신은 본질적이고 진정한 것이며, 완전히 다른 존재다. 그 건너편에 있는 세속은 그저 부족할 뿐이다."

인간을 이 세계에 적응할 수 있게 해주고, 세계의 비밀과 함께 살아갈 수 있게 만들어준 신화적 사고가 축의 시대에 이르러 객관적인 추론을 통한 합리성으로 해체되었다는 생각을 받아들인다면, 이 변화가 또 다른 혁명을 일으켰다는 데 놀라지 않을 것이다. 요르그 라우스터Jörg Lauster가 『그리스도교 문화사Kulturgeschichte des Christentums』에서 표현했듯이, 이 과정에서 '하느님 현존의 불꽃'이 타오른다. 이 불꽃과 함께 그리스도교와 그리스도교에 속한 "세계에 대한 느낌의 언어die Sprache eines Weltgefühls", 그리고 "계속된 마법화"가 생겨나게 된다.

그리스도교는 "세계 제국 로마의 별 볼 일 없는 변두리 지역에서 시작되었다. 그리고 정치범으로 확정판결을 받은 죄수를 자신들의 증인으로 내세웠는데, 그 죄수는 가장 낮은 사회 계층에만 선고되던 방식으로 사형을 당했다." 그 죄수가 바로 예수다. 예수는 새로운 윤리를 선포했을 뿐 아니라 지혜의 교사로 존경받았다. 예수 안에서 하느님이 직접 모습을 드러냈다고 말하며 스스로 그리스도인이라고 부르던 추종자들은 예수를 사람이 된 신의 아들이라며 숭배했다. 고대 세계를 통해 그리스도교의 성공을 이해하려는 사람은 먼저 축제와 같은 의례 형식, 연대감 깊은 공동체의 형성, 성서의 경전화, 그리고 문화적 동화주의를 지적할 수 있을 것이다. 여기에 덧붙여 외부 환경 또한 매우 중요한 역할을 했다. 아우구스투스Augustus 시대부터 로마 제국은 닫혀 있는 평화로운 공간을 만들어 주었다. 새로운 세계관이 성공적으로 확장하기 좋은 모든 조건이 갖추어졌다. 그다음 312년에 그리스도교의 성공에 중요한 사건이 일어났다. 이해에 로마 제국의 권력을 두고 황제 콘스탄티누스Constantinus I와 막센티우스Maxentius는 밀비우스 다리에서 최후의 결전을 펼쳤다. 콘스탄티누스는 그리스도인들의 신을 자신의 원조자로 불렀으며, 전투에서 승리한 후 그리스도교를 장려하였다. 그렇게 사랑의 종교는 전쟁과 함께 세계 역사의 문을 열었고, 100년도 채 지나지 않은 테오도시우스 1세Theodosius I 때 세계 권력의 국가 종교가 되었다. 그리고 사람들이 실제 경험하고 고통받았듯이, 다른 신앙을 따르던 사람들에게 전혀 관용을 베풀지 않았다. 전쟁 중에 일어난 콘스탄티누스의 전환은 성서 내용과도 잘 맞는다. 복음서에 나와 있는 대로 예수는 "평화를 주려고 온 것이 아니라 칼을 주려고 왔기" 때문이다. 이런 이해와 관점은 이슬람교에도 어느 정도 영향을 미쳤다. 이슬람교는 610년 예언자 무함마드의 계시 체험에서 출현한 종교다. 구드룬 크레머Gudrun Krämer가 『이슬람의 역사Geschichte des Islam』에서 표현했듯이, 이슬람교에서는 처음부터 "하나이자 유일한 신에 대한 신앙과 공동체 의례와 실천이" 서로 연결되었다. 지하드는 '신을 위한 조건 없는 개입'이란 뜻이며, 이슬람교 "초기에는 긍정적인 신의 존재 증명"에 기여했다.

축의 시대에 인간사고는 아버지 신이 계신 초월적 세계를 이용할 수 있었고, 동시에 과학적 합리성도 처음으로 꽃을 피웠다. 당시에 자연은 탐구의 대상이 되었는데, 이런 상황에서 불, 흙, 물, 공기라는 4원소론이 등장한다. 밀레토스의 탈레스Thales는 기원전 585년에 일식을 예측하였다. 유클리드(기원전 3세기)는 『원론』이라는 책에서 그리스에서 발전된 기하학을 종합했고, 유클리드와 같은 시대에 살았던 아르키메데스는 지렛대의 원리와 그의 이름을 딴 부력의 원리를 발견하였다.

고대 그리스에서 꽃피웠던 과학은 그리스도교화된 세계에서 처음으로 시들었는데, 뒤이어 이슬람 세계의 기여 덕분에 다시 피어날 수 있었다. 중세 이슬람 세계에서 두 사람만 언급한다면, 1000년경에 이집트의 알하젠(이븐 알하이삼)Alhazen은 광학 이론에 대한 책을 썼으며, 페르시아의 아비센나Avicenna는 『의학 전범』을 저술했다. 이들보다 앞서 페르시아 수학자 콰리즈미Al-Khwarizmi가 큰 업적을 남겼는데, 과학사에서는 808년부터 850년까지를 "콰리즈미의 시대"라고 부르면서 그의 업적을 높이 평가한다. 그의 저서 중에 『키타브 알 제브르Kitab al Jebr』라는 책이 있는데, 대수학Algebra이라는 수학 분야의 이름은 이 책의 제목에서 따온 것이다. 연산 문제를 비롯한 수학 문제들의 단계별 해답을 찾기 위해 콰리즈미가 발전시켰던 규칙들을 오늘날 사람들은 '알고리즘'으로 알고 있으며, 이 알고리즘이 인공 지능에 날개를 달아주었다.

방대한 번역 작업 덕분에 지식은 아랍의 다리를 건너 제1천년기 말에서야 유럽 지역으로 돌아왔다. 유럽의 지식은 학문의 관점에서는 상당히 척박했지만, 대신 수용할 준비가 되어 있는 문화를 가졌다. 12세기 이후 볼로냐, 파리, 옥스퍼드에 대학 건립이 추진되었다. 전체 지식을 다시는 손에서 놓치고 싶지 않았기 때문에, 지식을 보존하고 융성할 수 있는 이런 장소를 창조했던 것이다. "대학교 Universität"라는 단어는 라틴어 '우니베르시타스universitas'에서 나왔으며, 교사와 학생의 공동체를 의미한다. 대화를 통한 교육이 진행되던 이 대학교들에서 '중세의 과학 혁명'이 시작되었다. 1050~1250년 동안 진행된 이 혁명은 고대의 과학적 사고인 '자기 참조 특성selbstreferentielle Qualität'이 두드러진다. 이 사고는 자신의 성공을 외부 세계를 위한 유용성에서 찾지 않고, 단지 자기 관점과의 일치와 진실성에서 찾는다.

당시에는 특히 자연법에 따른 세계 형성 이론을 제시하면서 성서의 창조 이야기와 조화를 가져오려는 기대가 생겨났다. 자연은 인간의 지성으로 탐구하고 이해할 수 있는 어떤 것으로 생각되었다. 특이하게도 알베르투스 마그누스와 토마스 아퀴나스Thomas Aquinas 같은 신학자들은 신앙과 지식이 서로의 영역을 침범하는 일을 전혀 걱정하지 않았다. 창조신도 자신의 행동을 위해 자연의 법칙을 이용했을 것이다! 그러나 신학뿐 아니라 철학도 신으로부터 기인했기 때문에, 이 둘은 심각한 갈등을 겪을 수도 있을 것이다.

바로 이 갈등이 생겼다. 구체적으로 16세기 코페르니쿠스를 통해 일어났다. 코페르니쿠스는 인간의 위치를 바꾸고, 인간을 단조롭고 지루한 지구 중심의 창조에서 꺼내 하느님의 영역에 더 가까이 데려가려고 했다. 두 개의 문화, 종교, 역사 운동이 이 변화보다 앞서 일어났다. 이 두 운동은 모두 이미 첫 글자에서 이 운동이 낳았던 정신사적 혁명을 연상시킨다. 르네상스Renaissance와 종교개혁Reformation이 그 두 운동이다.[2] 그러나 첫 글자의 동일함에

2 독일어와 영어에서 르네상스, 종교개혁, 혁명 모두 'Re'로 시작함을 말한 것이다.

도 불구하고 이 둘 사이에는 극적인 차이가 있다. 르네상스는 '재탄생'이란 뜻이다. 15~16세기에 일어난 이 운동은 과거를 지향했으며, 고대 문화의 부흥을 추구했다. 반면 종교개혁은 명백히 쇄신 운동이며, 결국 서방 교회의 분열을 이끌어냈다. 가톨릭교회를 지탱하는 바위는 교회를 떠나는 사람들처럼 쉽게 움직이지 않았다.

이 두 운동의 배경에는 1455년에 시작된 유명한 미디어 혁명이 있다. 이 혁명이 두 운동의 발전을 촉진시켰다. 이 혁명은 요하네스 구텐베르크Johannes Gutenberg가 마인츠에서 42줄 성서를 인쇄하면서 시작되었다. 첫 2년 동안 구텐베르크가 인쇄한 성서는 모두 200권이었으며, 매우 비쌀 수밖에 없었다. 하지만 너무나도 비싸 자칫 파산할 수도 있는 기업의 위기를 구텐베르크는 침착하게 해결할 수 있었다. 면죄부 인쇄와 판매로 충분한 돈을 벌었기 때문이다. 당시 신자들은 면죄부를 사는 것을 통해 자신의 죗값을 치렀다. 종교개혁가 마르틴 루터는 면죄부 판매를 교회 당국에 바치는 뇌물처럼 생각하면서 이를 혐오했고,

1517년에 나온 자신의 95개 반복문에서 이 행위를 공개적으로 비난했다.

구텐베르크의 인쇄술은 활자, 즉 움직이는 글자를 통해 성공했으며, 그때부터 운동은 모든 영역의 주요 동기로 제공된다. **르네상스** 교육 운동의 대표자들이 고대 작가들을 공부하면서 현재를 바라보는 비판적 태도를 배웠을 때, 이 동기의 유효성은 점점 커져갔다. 이 비판적 태도가 휴머니즘이며, 종교개혁에도 영향을 주었다. 세계의 운동에 대한 의식은 레오나르도 다빈치가 살았던 시기에 발전했다. 다빈치는 심지어 한 사람, 즉 바로 자신의 육체가 만들어내는 선에서 어떤 역동적인 것을 보았다. 이 운동의 원칙은 모든 것의 움직임이 시작되는 '첫 번째 원동력'과 동일시되었다. 이 운동 뒤에는 소멸되지 않는 에너지가 숨어 있다.

종교개혁은 옛 신앙을 쇄신하려고 했던 반면, 17세기 이후 유럽에는 특별히 새로운 것을 원하면서 자신이 쓴 책 제목에 이를 표현하는 사람들이 나타났다. 영국의 프랜시스 베이컨Francis Bacon은 『신기관Novum Organon』을 집필했으며, 독일의 요하네스 케플러는 『신천문학Astronomia Nova』을, 이탈리아의 갈릴레오 갈릴레이는 『새로운 두 과학Discorsi intorno a due nuove scienze』을 내놓았다. 그 밖의 많은 사람들이 이런 책 제목을 붙였다. 이런 노력들 속에서 "유럽 근대 과학의 탄생"을 알아차릴 수 있다고 역사가들은 생각한다. 카를 야스퍼스는 앞에 인용한 책에서 이 유럽 근대 과학을 "서구 국가들의 특별한 점"이라고 말했다. 야스퍼스는 이 "단순한 새로움"을 칭송했다. 이 새로움이 "기술적 결과를 낳는 과학"을 보여주었으며, "세계의 내면과 외면은 혁명적으로 변했다." 유래를 찾기 힘든 일이었다. 야스퍼스는 여기서 묻는다. 왜 이런 과학 혁명이 "다른 거대한 두 곳이 아닌 서구 세계에서" 성공했을까? 여기서 두 곳이란 이슬람 문화권과 중국을 의미한다. 학자들은 "유럽의 특별한 길"에 대해 말하지만, 야스퍼스는 아시아에서 "우리에게 반드시 필요한 보충 요소"를 보았으며 이 역사적 과정에서 "보편적 타당성"을 이해하고 싶어 했다.

야스퍼스의 이 질문에 대해 오늘날에는 영국의 조지프 니덤Joseph Needham이 도움을 줄 수 있을 것이다.

니덤의 에세이 모음집 『과학적 보편주의Wissenschaftlicher Universalismus』에 따르면, 니덤은 1942년에 다음과 같은 질문을 던졌다. "왜 발전하지 않았을까?Why not develop?" 즉, 기원전 1세기부터 기원후 15세기까지 "인간의 실용적 욕구를 채우는 데 자연 지식을 서구보다 훨씬 잘 이용했었던" 중국의 과학이 왜 계속해서 발전하지 못했을까? 니덤은 그 이후 수십 년 동안 1만 5000쪽에 달하는 20권이 넘는 책을 쓰면서 이 대답을 찾으려고 했으며, 그 대답을 기후에 종속시키거나 자본주의 경제 방식과 연관시키려고 하지 않았다. 그는 중국에서 결코 시작할 수 없었던 자연법칙의 역할과 그에 속하는 개념을 집중적으로 깊이 생각했다. 서양 문화는 지상의 입법자와 똑같은, 그러니까 인간이나 별 모두가 그의 명령에 복종해야 하는 천상의 입법자를 상상할 수 있었다. 그런데 자연법칙이 과연 꼭 필요했을까?

이 정신적 진보의 전체 과정에서 또 하나 중요한 것은 작은 나라들이 모여 있는 유럽 상황인 듯하다. 이런 상황은 지역 사이의 경쟁을 불러올 수 있었다. 예를 들어 튀코 브라헤Tycho Brahe와 요하네스 케플러가 덴마크 왕으로부터 더는 지원을 받지 못하게 되었을 때, 두 사람은 프라하로 갔다. 그곳에서 보헤미아 왕의 열렬한 환영을 받으면서 계속해서 하늘을 관찰할 수 있었다. 이 두 사람보다 몇백 년 앞서 송나라에 살았던 천문학자 심괄은 완전히 달랐다. 어느 날 황제는 천체 관측은 충분하다며 심괄을 하늘에서 서예 분야로 보내버렸다. 만약 중국에서 유럽과 같은 가능성이 존재했다면 과학의 역사는 지금과는 다르게 흘러갔을 터다.

베이컨, 케플러, 갈릴레이와 같은 자연연구자들은 아이디어의 세계와 지식인들의 공화국을 만드는 데 도움을 주었고, 다양한 정치 사회 조건 아래에서도 자신들만의 공간을 주장할 수 있었다. 이런 인물들에 대해 숙고하는 사람은 실험을 통해, 즉 자연에 대한 질문을 통해 깨달음과 지식을 얻는 그들의 능력에 관심을 두어야 한다. 자연 연구자들은 비록 이런 방식으로는 가정에 기초한 기본 지식밖에 마련하지 못하지만, 이런 노력을 통해 진리 이해에 한 걸음 더 나아가게 된다. 중요한 것은 목표 지점에 있는 게 아니라 목표를 향한 움직임 속에 있다. 이처럼 지식을 향한 모든 노력의 목적은 그 여정 자체였고, 앞으로도 그럴 것이다. 이런 가르침을 유교에서도 읽을 수 있다.

앞에 인용된 17세기 저자들은 미래로 가는 길, 개선된 삶의 조건을 만들고 싶었다. 이들이 제시했던 새로운 것은 또한 운동과 여정을 의미했다. 그 여정이란 더 나은 삶의 조건이 있는 미래를 만들어가는 길이었다. 이런 노력 속에 깃들어 있는 진보적 사고는 자연을 지배하는 더 많은 힘을 지향했으며, 사람들은 이를 어떻게 얻을 수 있는지 알게 되었다. 1597년 프랜시스 베이컨의 선포대로 **아는 것**(**지식**)이 힘이었다. 더 좋았던 과거에 대한 르네상스의 회상 이후 더 나은 미래에 대한 예측이 나왔다. 이 미래가 가능해지기 위해서는 각자의 지성을 이용해야 했다.

이런 맥락에서 특별히 성공적이었던 인물이 아이작 뉴턴이었다. 1687년에 뉴턴은 역사에서 가장 영향력이 큰 책 한 권을 출판했는데, 『자연철학의 수학적 기본 원리』가 그 책이다. 이로 인해 뉴턴과 함께 합리적 사고가 가장 유명한 시대에 발을 내딛게 됐으니, 그 시대가 바로 인간 역사에서 특별한 영예를 받고 있는 **계몽주의** 시대다. '계몽주의'라는 개념은 철학자 이마누엘 칸트와 뗄 수 없는 관계를 맺고 있다. 칸트는 새로운 과학에 더 많은 지지를 보내려 했고, 인간 이성을 판단의 근거로 강조했다. 반면 이념이나 신앙고백에는 낮은 가치를 주었다. 칸트는 특히 직관Anschauung과 개념Begriff의 역동적인 상호작용이 얼마나 중요한지를 보여주었다. 직관은 우선 관계 속에서 인간이 추구하는 어떤 인식을 전달한다. 직관이 없으면 순수 이성은 신의 존재도 그 반대도 증명할 수 없다. 또한, 칸트는 인간들이 확실한 지식에 대한 이성적 질문과 답변을 자연법칙처럼 이용할 수 있으리라 전망하면서, 그 대표 사례로 뉴턴의 물리학을 다루었다. 칸트에게 뉴턴의 물리학은 영원한 진리의 선포이자, 세계의 수학적 모습을 알려주는 것처럼 보였다.

뉴턴의 뛰어난 업적 중에 수학 방법론이 있다. 이 방법론을 고트프리트 빌헬름 라이프니츠도 동시에 탐구했었는데, 오늘날 이를 미적분법이라 부른다. '무한소'라는 개념은 어떤 극한값이 무한히 작아져 0에 가까워지는 과정을 의미하며, 선 위에서 점이 될 때까지 작아진다. 이런 넓이가 없는 점들을 추적하면 그 점들이 남긴 위치도 파악할 수 있을 뿐 아니라 그 변화의 속도도 계산할 수 있었다. 여기서 바로 뉴턴이 무한소의 크기로 파악할 수 있었던 가속도의 법칙이 나올 수 있었으며, 이 법칙은 곧 전체 물리학을 규정했다. 무한소는 이후 자신을 활용하는 기계들과 함께 근대에 큰 자취를 남겼다.

칸트가 모든 것을 뉴턴에게 걸었을 때, 계몽주의라는 빛의 어두운 면이 세계의 중단 없는 전진과 운동만을 추구하는 과정에서 드러났다. 이성의 찬양 뒤에 '낭만주의의 혁명'이 따라왔는데 이사야 벌린이 정확히 짚었듯이,

"인간주의적 세계관의 가장 깊은 뿌리, 즉 올바른 행동과 올바른 결정에 대해 답해주는 전통 가치가 잘려 나갔다." 계몽주의자들은 물리학에 따라 윤리학이라는 학문이 세워질 수 있다고 믿거나 기대했다. 인간의 욕구를 규정하고 이를 만족시키기 위해 윤리학은 인간 본성이 무엇인지 찾아내면 된다는 것이다. 반면 낭만주의자들은, 가치는 발견되는 게 아니라 인간의 어떤 창조 과정 속에서 만들어진다고 지적했다. 뉴턴의 빛이 이 과정을 해명하지 못하는 것처럼.

낭만주의 시대가 언제였는지 묻는다면, 1770년과 1830년을 시작과 끝으로 말할 수 있겠다. 역사가들은 이 시기를 "안부시대Sattelzeit"라고 부르며, '근세early modern period'에서 '근대modern'로 넘어가는 시기로 이해한다.[3] 이

3 안부시대 혹은 말안장시대Sattelzeit는 독일의 역사학자 라인하르트 코젤레크가 사용한 비유적 개념어이며, 1750년에서 1850년 사이, 근세와 근대 사이에 있는 시기를 가리킨다. 안부鞍部, Sattel은 산봉우리와 봉우리

시기 동안 인구 변동이 일어나 세계 인구는 10억 명을 넘어서며, 철도와 증기선 덕분에 이동의 혁명이 일어난다. 산업화가 엄청나게 확장되기 시작하면서 인간들은 새로운 소비 형태에서 즐거움을 찾는다. 다른 말로 표현하면, 위르겐 오스터하멜Jürgen Osterhammel의 묘사대로 "세계의 변환"이 시작되었는데, 사람들의 생활과 욕구가 현대인의 습관과 거의 비슷해졌다는 뜻이다. 예를 들면, "에너지는 이 세기의 핵심 동기가 되었다." 그리고 활발하게 추진되던 산업화는 새로운 에너지의 원천을 개발했다. 1859년 8월 28일, 펜실베이니아에서 첫 번째 유전을 성공적으로 시추하였으며, 곧 세계 석유 시장의 성장이라는 결과를 낳았다. 다양한 에너지가 전기 생산에 이용되면서 가재도구나 전 도시의 전기화에 기여했다. 전기화는 19세기에 가능해졌는데, 19세기 초 이탈리아의 알

사이에 움푹 들어간 부분을 말하며, 이 모양이 말의 안장과 닮았다 하여 안부라고 부른다. 독일어에서도 Sattel은 안부와 안장 두 가지 의미로 쓰인다.

레산드로 볼타Alessandro Volta가 처음으로 전원, 즉 전지의 제작에 성공했기 때문이다. 19세기 말에는 가재도구 대부분이 전기로 작동되었으며, 거대 기업들은 가전제품의 공급을 위해 분투했다. 전기화는 심지어 이념적으로도 역할이 주어졌는데 전기화가 사회 진보와 결핍의 극복을 뜻하게 되었다. 이런 생각은 1917년 10월 25일에 일어난 10월 혁명의 아버지인 블라디미르 일리치 레닌Wladimir Iljitsch Lenin이 추동했다. 레닌은 말했다. "공산주의는 소비에트 권력 더하기 전기다."

아직 전기를 거의 이용할 수 없었던 19세기임에도 계산기를 만들려는 야망은 컸다. 그런 노력 가운데 가장 유명한 사례는 찰스 배비지Charles Babbage가 1840년에 발표했던 해석기관Analytical Engine이며, 이 발명은 특별히 젊은 수학자 에이다 러브레이스Ada Lovelace에게 깊은 인상을 주었다. 러브레이스는 언젠가 기계가 창조성을 가져 음악을 작곡하거나 그와 비슷한 복잡한 것을 생산할 수 있을 거라고 생각했다(오늘날까지도 여전히 이를 토론하고 있다).

의학과 건강 관리 면에서, 위생에 대한 새로운 지식이 확산하면서 우선 상하수도가 개선되었다. 또한 인간들은 전염병을 유발하는 미생물을 점점 더 많이 발견하게 되었다. 이런 연구가 지속되면서 미생물학이라는 과학 분야가 생겨났다. 19세기 후반부터 진행된 미생물학의 발전은 유례없는 의학의 진보를 가져왔으며, 페니실린과 항생제의 시대를 열었다. 페니실린 개발에 버금가는 축복은 백신 개발과 예방 접종의 실행이었다. 나폴레옹Napoleon Bonaparte은 1800년부터 프랑스에서 예방 접종을 명령했으며, 이 덕분에 수백만 명이 면역력을 얻을 수 있었다. 이런 의학의 진보가 가져온 어두운 면은 건강과 환자가 치료의 주체에서 기술적인 대상이 되었다는 점이다. 오늘날 사소한 질병과 대량 사육되는 가축들에 항생제를 무분별하게 투여함으로써, 이 유일한 방어 무기는 점점 더 무뎌지는 반면, 공포감 조성과 어리석음 때문에 예방 접종을 거부하기도 한다. 우리와 다음 세대가 갑자기 종말과도 같은 전염병을 경험하게 되는 상황도 가능해질 것 같다.

전기기술의 발전, 그리고 오늘날 전자기술의 발전은 세계를 긴밀히 소통하는 지구촌으로 만들었다. 방대하게 수집되고 저장되는 데이터들은 동시에 우리 삶의 현실을 숫자와 데이터로 분해할 수도 있다. 그사이에 과학사학자들은 확률의 혁명에 관한 책들을 내놓았는데, 이 과정에서 우연은 통제되었고, 역사적 사건에 대한 모든 결정론은 공허한 생각이 되었다. 그레고어 멘델의 유전법칙이나 종의 진화와 같은 자연의 법칙과 이에 따른 과정은 통계적 진술로 표현된다. 사고와 세계관에도 통계적 진술은 큰 영향을 미쳤고, 경제에서는 보험회사의 설립을 촉진시켰다. 막스 베버Max Weber가 1917년에 그 유명한 『직업으로서의 학문Wissenschaft als Beruf』이란 주제의 강연에서, 시민사회에 미치는 학문 및 과학의 영향을 이야기했을 때, 그 역시 "모든 것은 원칙적으로 **계산을 통해 지배**할 수 있다."라고 생각했다. 베버는 이를 '세계의 탈마법화Entzauberung der Welt'라고 불렀다. 그러나 베버와 그의 추종자들은 과학이 진정 가능하게 하는 일, 즉 세계의 마법화를 인지하지 못했다. 베버의 생각과 달리 과학은 세계의 비밀스러움에 대한 감각을 생기게 한다.

19세기 과학의 진보는 대중에게 인간이 역사의 어떤 목표에 근접했다는 느낌을 주었다. 1900년에 발간된 한 신문에 나와 있듯이, "그 목표는 자연의 지배와 정의로운 제국의 건설"이었다. 그러나 실제로는 생각과 완전히 다른 곳에 도달했다. 언어적으로 보면 접두어 '불'이 붙어야만 하는 상황이 왔다. 먼저 양자도약의 형태로 나타나는 자연의 **불**항구성을 막스 플랑크가 알게 되었다. 그다음에 원자 영역에서 **불**확정성이 드러났다. 이 **불**확정성은 베르너 하이젠베르크가 발견했으며, 오늘날에는 전자 회로 소형화의 한계를 정해주고 있다. 1930년대 초에 수학자들은 문장들의 결정 **불**가능성을 인지했는데, 이발사의 예제에서 이를 확인할 수 있다. 스스로 수염을 깎지 않는 사람 모두를 자신이 면도하고 있다고 선전하는 이발사를 생각해 보라. 이때 이 이발사의 면도는 누가 하게 되느냐는 의문이 생긴다. 그다음에 우리는 **불**예측성과 특별히 강하게 부딪혔다. **불**예측성은 충분히 복잡하고 발전이 선형적으로 진행되지 않는 모든 시스템에 적용된다. **부**정확성도 피하지 못하게 된다. 시스템이 복잡할수록 그 시스템에 대해 정확하고도 중요한 정보를 제공하는 능력은 줄어든다. 그렇게 모든 지식 영역에서 미래는 예측 **불**가능성에 머물 것이다.

17세기에 과학 혁명과 함께 시작되었던 베이컨의 시대는 20세기에 끝이 났다. 1970년대에 이미 로마 클럽이 내린 결론처럼 20세기에는 『성장의 한계』가 점점 더 분명해졌다. 베이컨 시대가 끝이 난 이유는 몇 가지로 요약할 수 있다. 역사의 진행 과정에서 진보는 인간에게 더는 유익함을 주지 못한다. 대량살상무기로 전쟁에 기여한 이후 과학은 자신의 결백을 완전히 잃어버렸다. 사회를 변증법적 유물론에 따라 엄밀하면서도 과학적으로 조직할 수 있다는 생각은 실패했다. 이런 상황에서 새로운 변혁이 또 찾아올 수 있을까? 이미 여러 책들이 "조용한 혁명"을 선포하고 있다. 과학이 예전에 이미 많은 문제를 해결했듯이 말이다. 이번에는 디지털 공간에서 알고리듬으로 세계를 변화시킬 것이다. 이런 "비물질성의 혁명"은 소음을 만들지는 않을 것이다.

· CHAPTER 6 ·

인간과 기계

인간들은 석기시대부터 도구를 사용했으며, 드릴, 화살과 활, 그리고 투창기와 같은 첫 번째 기계를 완성했다. 이처럼 사람들이 꺼리거나 직접 하기에 너무 큰 부담이 되는 작업을 수행해 주며, 에너지를 공급받아 작동하는 것을 기계라고 부른다. 근대의 기계들은, 예를 들어 증기기관이나 계산기처럼 이름에 적절한 접두어가 붙는다. 이 접두어로 장치에 인간이 무엇을 투입하는지(증기), 혹은 기계에서 무엇을 기대하는지(계산) 알 수 있다. 기술Technik은 수공업적 숙련성을 의미하는 그리스어 **테크네**techne에서 나온 말이다. 인류는 이미 오래전부터 창조의 재능을 보여주었다. 금속을 가공했고(기원전 6세기), 유리를 생산했으며(기원전 2세기), 아리스토텔레스가 "기계"라고 불렀던 지렛대를 만들고 나사를 완성했다. 이처럼 '기술'이란 단어는 기원전부터 있었다. 이 기술을 담은 인간의 생각이 도르래, 물레방아, 그리고 이미 1000년 전에 알하젠이 묘사했던 바늘구멍 사진기를 만들어냈으며, 이미 언급했었던 책 인쇄를 1450년에 성공시켰다. 이런 개별 기술들이 매우 인상적이기는 하지만, 인간과 기계의 떼려야 뗄 수 없는 완전한 결합의 역사는 산업 혁명과 함께 시작되었다. 산업 혁명은 18세기 말에 시작되었으며, 특히 증기기관이 산업 혁명에 크게 기여했다. 증기는 기원후 1세기에 알렉산드리아에서 문을 움직이기 위해 이미 사용되었다. 그러나 시대를 바꾸는 증기기관의 역할은 1800년대에 시작된다. 오래전부터 역사가들은 연이어 나오는 제2의, 제3의, 제4의 산업 혁명을 파악했다. 이 혁명의 징표들은 점점 더 서로 강한 네트워크를 형성하면서 언제나 '더 똑똑하게' 작동하는 기계들이었다.

산업 혁명 시기를 다루기에 앞서, 이 설명을 중단시킬 만한 가치가 있는 인물을 한 명 소개한다. 그의 천재성은 모든 시대를 가로지른다. 바로 레오나르도 다빈치다. 과학이론가 위르겐 미텔스트라스Jürgen Mittelstraß는 현재를, “과학을 기반으로 하는 작품들로 자신을 드러내는 레오나르도의 세계”라고 명명했다. 레오나르도 다빈치는 화가이자 조각가였을 뿐 아니라 전쟁 엔지니어이자 악기 제작자였다. 다빈치는 도르래와 석궁을 제작했으며 무거운 입상을 세우기 위해 기계장치를 기획했었다. 이 장치 설계는 그를 꽤 괴롭혔는데, 당시에는 역학 법칙 연구가 아직 발전하지 않았기 때문이다. 뉴턴이 처음으로 이 설계에 이용되는 힘을 이해하는 데 성공했다. 레오나르도는 여전히 “보이지 않는 힘spirituale potenza, 비신체적이며 포착될 수 없는, 운동의 원인이 될 수 있는 것”을 생각했는데, 그의 개념은 과학과 기술이 지배하는 우리 시대의 추진력인 에너지를 연상시킨다.

과학에서 ‘에너지’라는 개념은 19세기 초에 처음 등장한다. 당시 사람들은 이미 증기기관을 오랫동안 이용했으며, 기계가 작동하려면 무엇이 필요한지를 제대로 알고 싶어 했다. 첫 번째 제조품은 펌프로 작동했다. 그 도움으로 첫 번째 증기기관은 증기에서 나온 열에너지를 피스톤을 통해 기계 작업으로 변환할 수 있었다. 펌프는 수차를 돌리기 위해 웅덩이에 있는 물을 위에 있는 저수지로 퍼 올렸다. 18세기 말에 증기기관의 효율은 크게 개선되어 증기선을 움직일 수 있게 되었다. 그 후 100여 년 동안 증기기관과 함께 많은 것이 움직여졌다. 그러나 인류에게 신은 축복만 내리지 않는다. 이 기술로 증기기관 열차가 운행되면서 지금껏 상상하지 못했던 규모의 인력과 기술 운송을 가능하게 했다. 끊임없는 보급을 통해 제1차 세계대전(1914~1918년)을 더욱 고무시켰고, 수십만 명이 목숨을 잃은 베르됭 전투(1916년)와 제2차 세계대전(1939~1945년)도 가능하게 했다. 1942년 이후에는 역사적으로 비교할 수 없는 국가사회주의의 공장식 집단학살을 위해 증기기관 열차가 수백만 명의 유대인과 탄압받던 집시들을 집단학살 수용소로 수송하였다. **죽음은 독일에서**

온 명장이었으며, 이 수송의 책임자는 아돌프 아이히만Adolf Eichmann이었다.[1]

증기기관과 관련해서 자주 등장하는 이름은 스코틀랜드인 제임스 와트James Watt다. 와트는 증기기관의 발명가는 아니지만, 증기기관의 개량에 큰 기여를 했던 인물이다. 그의 업적 가운데 하나가 회전 조속기의 도입이었다. 조속기는 접지력이 사라질 때, 회전하는 바퀴가 헛도는 것을 방지한다. 기계가 너무 빨리 작동하면, 조속기는 원심력 덕분에 위로 움직여서 증기의 유입을 차단하게 된다. 현대 기술은 이 원리를 되먹임 혹은 **피드백**이라는 이름으로 이용한다. 제임스 클러크 맥스웰은 이미 1868년에 이 제어 방법을 수학적으로 분석했다. 여기서 와트는 원심조속기를 표현할 때 조절 장치라는 뜻의 영어 단어 'governor'를 사용했다. 1940년대에 노버트 위너Norbert

---

1 죽음은 독일에서 온 명장Der Tod war ein Meister aus Deutschland은 독일 시인 파울 첼란Paul Celan의 시, 죽음의 푸가에 나오는 한 구절이자, 독일의 유대인 학살을 다룬 유명 다큐멘터리 필름의 제목이다.

Wiener의 지도 아래 "생명체와 기계에서의 통제와 의사소통"을 연구하던 과학자들은 이 'governor'라는 단어로 자신들의 연구를 소개하려고 했다. 그들은 이 단어를 조절기 대신 '키잡이'로 해석했다. 키잡이는 그리스어로 '퀴베르네테스kybernetes'였기 때문에 이들은 자신들의 연구를 사이버네틱스Cybernetics로 소개했다. 이렇게 인간과 기계의 제어를 연구하는 과학이 시작되었다. 1950년대에 노버트 위너가 서술했듯이, 사이버네틱스 연구자들은 "메시지와 의사소통의 가능성을 통해 한 사회를 이해할 수 있다"라는 관점을 대표한다. 여기서 메시지란 "인간에서 기계로, 기계에서 인간으로, 그리고 기계에서 기계로" 전해지는 것이다. 대다수가 스마트폰을 사용하는 오늘날 트위터 같은 것에서 경험하듯이, 사람과 사람의 의사소통은 점점 작아진다. 위너에게는 너무 당연해 보여 이것을 언급조차 하지 않았다.

사이버네틱스가 스스로 자신의 정점을 넘어섰을 때, 사이버네틱스의 앞머리 글자 사이버는 오늘날 다시 '사이버스페이스'로 등장한다. 사이버스페이스는 컴퓨터에 의해 제공되고 마련된 가상의 세계를 말한다. 주목해야 할 것은 첫째, 사이버스페이스에서의 정보 처리는 디지털로 작동하므로 소음을 억제할 수 있다. 위너가 사용했던 초기 아날로그 장치들은 이 소음 때문에 어려움을 겪었다. 둘째, 그 구성 요소들은 하이젠베르크의 불확정성이 시작되는 원자 영역에서 자신의 한계를 보여줄 만큼 작아지고 있다. 이를 통해 인간은 도전 의식이 생겼고, 그래픽 같은 이차원 물질들로 반도체를 계속 발전시키기 시작했다.

사이버네틱스는 그들의 대표자들이 오늘날을 지배하는 컴퓨터 기술과 이 기술에 속하는 계산기 구조를 설계했던 1950년대에 전성기를 누렸다. 한편, 당시에 '컴퓨터'는 기계가 아닌 사람을 가리키는 말이었다. 예를 들어 천문대에서 머리와 손을 이용해 계산을 수행하던 사람을 지칭했다. 계산 기계들은 1970년대에 지금의 이름을 얻었으며, 컴퓨터는 단순한 계산기의 지위를 훨씬 뛰어넘어 세계를 인간의 손안에 넣기 위해 받아들여졌다. 첫 번째 증기기관차를 만들고, 방직 기계를 조립하며, 제어장치를 설치하던 우리 선조들도 이에 대해 전혀 알지 못했다. 이 기계들은 엄청난 규모의 소비재를 싸게 생산할 수 있게 해주었다. 그러나 이 발전의 그늘을 잊어버리면 안 된다. 생존을 위한 최소한의 필수품도 얻지 못한 채 기계 앞에서 작업을 수행했었던 무수히 많은 남성, 여성, 어린이의 노동조건은 비참한 노예 생활과 같았다. 이런 상황이 오늘날에도 여전히 개발도상국에 사는 수백만 명의 일상이라는 것을 우리는 기억해야 한다. 그곳에서는 형편없는 임금에 우리의 행복을 위한 저렴한 물건이 생산되고 있다. 그리고 2013년 방글라데시 사바지역에서 한 의류 공장의 붕괴로 수천 명이 다치거나 목숨을 잃었다!

그럼에도 불구하고 기계의 원칙은 잘 작동한다. 기계는 근대의 상징이 되었다. 노동, 동력, 교통이 기계화되었으며, 기계는 노동 분업 사회를 만들었다. 노동 분업이 진행된 사회에서 경제 정치의 권력자들은 당연하게 생각되던 착취가 만들어낸 사회 문제를 결국 외면할 수 없게 되었다. 예를 들어 독일에서는 비스마르크의 사회 정책(1883년) 이후 노동자의 의료보험과 연금보험 요구나 노동시간 규제에 관한 질문을 외면할 수 없었다.

제1차 산업 혁명 이후의 발전을 하나의 개념으로 요약하고 싶다면, 아마 세계의 전기화Electrification라고 말할 수 있을 것이다. 전기화는 베르너 폰 지멘스Werner von Siemens나 토머스 에디슨Thomas Alva Edison과 같은 발명가뿐 아니라 수많은 취미 전기기술자들 덕분에 이루어졌으며, 그들의 도움으로 도시에 전기 시스템이 설치되어 가정에 있는 가전도구까지 전기가 연결되었다. 전기 에너지는 분업에 기초한 컨베이어 생산을 가능하게 했는데, 20세기 초에 도살장과 자동차 공장에 도입되었다. 특히, 1908년 이후 헨리 포드Henry Ford가 모델 T 자동차 제작에 처음 도입했다. 나중에 헨리 포드는 컨베이어 벨트의 성공 비결은 "공구와 인간이 작업 과정에서" 하나가 된 덕분이라며 열광했다.

비록 컨베이어 시스템이 사회생활에 엄청난 결과를 가

져왔지만, 노버트 위너의 관점도 무시해서는 안 될 것이다. 위너는 진공관을 제2차 산업 혁명의 시작으로 제시했었다. 위너에게 진공관은 "작은 에너지양을 증폭시켜 주는 데 가장 응용력이 좋은 보편 장치"로 보였다. 진공관은 메시지 전달에 투입되어 초기 전화 통화에 도움을 주었다. 목소리 신호를 증폭하여 더 멀리까지 연결할 수 있게 했던 것이다. 1837년부터 존재했던 전신회사들은 아주 멀리 있는 곳에 목소리를 전달하는 일은 실현 불가능하다고 생각했고, 기껏해야 사무실에서 이용하기에 충분하다고 봤다. 그러나 필립 라이스Philip Reis의 작업은 늦어도 1861년 이후에는 전신회사의 생각과는 다른 현실을 보여주었다. 1876년에 알렉산더 벨Alexander G. Bell은 전화기 특허를 획득했다. 같은 해에 '벨 전화 회사Bell Telephone Company'가 설립되었으며, 첫 3개월 만에 전화기 5만 개를 판매하고 설치하였다. 전화교환원이 일하는 전화국들이 생겨났다. 이 여성 전화교환원들은 심리적 쇠약을 직업병으로 인정받은 첫 번째 사례였다. 당사자들에게는 그리 달갑지 않은 명예였다. 그 결과 독일에서 여자 전화교환원의 노동 시간은 주당 42시간으로 줄어들었다. 당시 함께 있던 우체국 직원들은 주당 54~60시간을 일했다. 카를 하인츠 메츠Karl Heinz Metz가 『서구 문명 기술사Geschichte der Technik in der westlichen Zivilisation』에서 서술했듯이, "공간의 동시적 사라짐, 대화의 비육체성, 그리고 원칙적으로 기계를 통한 타인과의 보편적 연결성은 당시 사람들을 흥분시키고 매혹했다." 메츠는 마르셀 프루스트Marcel Proust와 지크문트 프로이트Sigmund Freud를 예로 들었다. 프루스트에게 전화 목소리는 지하세계의 말을 상기시켰다. 프로이트는 정신분석 상황을 전화 통화 상황과 비교했다. 덧붙여 비신체성과 신체적 욕망이라는 이중성 안에 있는 폰섹스 이용자들이 프로이트에게 연구 거리를 주었다. 프로이트 시대에 주로 미국에서 특별히 그런 전화를 자주 이용했다.

이 모든 일을 가능하게 했던 진공관이 발전하고 있을 때, 하인리히 헤르츠는 전하 운동이 전자기파 형태로 확장할 수 있는 하나의 장을 생성하는 것을 보여줄 수 있었다. 쇠 구슬들을 전기가 흐르는 코일에 연결하여 코일과 구슬 사이에서, 그리고 동시에 떨어져 있는 두 개의 쇠 구슬에서 생겨나는 불꽃을 관찰했을 때, 이 물리학자는 곧 세계적 미디어가 되는 라디오의 가능성을 열었다. 당연히 라디오 방송사들이 서비스를 제공하기에 충분한 증폭기가 개발되어야 했다. 바로 전자진공관이 이 단계에서 이용될 수 있었다. 20세기를 결정짓는 정보기술의 급속한 발전은 헤르츠의 전파와 전자진공관 없이는 불가능했을 터다. 그런데 이 "가장 응용력이 뛰어난 보편 장치"의 특성과 넓은 영역에서의 활용 가능성은 진공관이 트랜지스터로 바뀐 이후에 드러나게 되었다.

이 전환은 제2차 세계대전 이후에 등장했다. 당시에 라디오는 이미 대중매체로 발전해 있었다. 많은 청중은 이 새로운 미디어를 확실히 긍정적으로 받아들였다. 심지어 아인슈타인은 라디오 기술자들을 "진정한 민주주의"의 선구자로 보았다. 반면 발터 벤야민Walter Benjamin 같은 지식인들은 "무해한 오락물"을 생산하는 "무선 백화점"

에 대해 경고했다. 나치는 이 새로운 미디어를 자신들의 비인간적 이념을 퍼뜨리는 데 체계적으로 활용했는데, 오늘날 독일에서 다시 그 슬픈 부활을 보게 된다. 나치는 이미 1933년에 보급형 라디오 생산을 시작했으며, 이 제품은 그 후 400만 개 이상이 팔렸다.

나치의 라디오 판매 개수가 400만 개에 도달했을 때, 세계는 전쟁 중이었다. 그 전쟁의 결과는 1990년까지 세계 질서에 영향을 미쳤다. 이 전쟁이 끝난 후 정보라는 개념이 중심에 자리 잡게 되어 다음 산업 혁명을 일으키게 되는데, 오늘날까지 지속되고 있는 디지털 혁명이다. 전 세계에서 가장 두드러지게 나타나는 디지털 혁명의 체현을 독일에서는 '핸디Handy'라고 부른다. 마르틴 하이데거Martin Heidegger 철학의 한 개념에 비추어 보면 핸드폰에서는 이중의 의미가 드러나는 것 같다. 하이데거는 단순히 손 **앞에** 있음Vorhandenheit과 구별되는 손**안에** 있는Zuhandenheit 존재에 대해 말했다. 핸드폰은 손 앞에 있는 것을 손안에 있는 어떤 것으로 변환한다.

핸드폰 기술이 오늘날 최고의 전성기에 도달하기 전에, 인간을 더욱 몰두하게 했던 또 다른 기계가 있었다. 이 기계는 이동에 대한 인간의 기대를 특별하게 채워주었다. 자유로운 이동은 인류의 아주 오래된 꿈이다. 르네상스 시대에는 이 이동 욕구의 충족을 생명의 원리로 보았다. 그리고 고대 시대에는 자유로운 이동을 신들의 본질적 특성으로 여겼다. 최소한 이 관점에서는 이제 인간이 스스로 신이 되었다. 자동차 유행을 위한 전제는 내연기관의 발전이었다. 내연기관은 원유와 원유에서 나오는 탄화수소를 이용했다.

1860년에 첫 번째 가스 내연기관이 생산되었는데, 이 내연기관에서는 전기로 점화된 가스의 폭발이 증기의 팽창을 대체했다. 같은 시기에 니콜라우스 오토Nikolaus Otto는 액체연료를 사용하며 기화기를 장착한 내연기관을 실험했다. 이 실험에서 오토는 4행정 기관이 적당하다고 보았는데, 4가지 작업 단계, 즉 흡입, 압축, 폭발, 배기라는 작업이 완전히 분리되어 적절한 시간 간격으로 하나씩 진행

될 수 있었기 때문이다. 1876년에 오토는 첫 번째 4행정 기관 모델을 발표했으며, 이 모델은 그 후 20년 동안 모두 8000개가 제작되었다. 이 기간 동안 계속해서 개량이 이루어져 엔진 출력은 마침내 100마력에 도달했다.

그렇지만, 고틀리프 다임러Gottlieb Daimler와 카를 벤츠Carl Benz 같은 사람들이 알고 있었듯이 "자동차 개발의 전반적인 문제"는 아직 해결되지 않았다. 1887년 벤츠가 만든 첫 번째 가솔린 자동차가 평탄한 길에서 시속 12km에 도달했을 때, 금속 바퀴는 여전히 단단한 통고무 타이어로 덮여 있었다. 1920년에 처음으로 화학산업계가 합성고무 제작에 성공하면서, 저압 타이어 생산이 가능해졌다. 자동차들이 철제 바퀴 대신 저압 타이어를 달고 아스팔트 위를 달릴 수 있게 된 것이다. 아스팔트는 이미 고대 시대부터 이용되었지만, 자동차의 증가로 인해서 더 많은 화학적 발전과 적응을 하게 된다. 딴 이야기를 하나 덧붙이면, 1830년 주석판 위에 빛에 민감한 천연 아스팔트를 발라서 첫 번째 사진 촬영에 성공했었다.

이런 지식을 통해 자동차를 보게 되면, 화학이 자동차의 질을 결정하는 데 크게 기여했음을 확신하게 된다. 당연히 화학도 달처럼 어두운 면을 보여준다는 사실을 누구도 부인하지 못한다. 오늘날 많은 이들이 플라스틱 쓰레기와 살충제에서 그 그늘을 발견한다. 이와 반대로 긍정적 측면을 보면, 화학은 성서적 학문임이 드러난다. 화학은 굶주린 이들을 배 불리고, 병자를 치유하며, 헐벗은 이들에게 옷을 준다.

다시 자동차로 돌아가자. 1888년 자동차 생산업자 카를 벤츠의 아내 베르타 벤츠Bertha Benz는 만하임Mannheim에서 포르츠하임Pforzheim까지 첫 번째 장거리 운행에 성공했다. 말에서 자동차로의 변환은 더욱 빨라져 1900년에 완성되었다. 이에 대해 독일의 마지막 황제 빌헬름 2세Wilhelm II는 오판했다. 그는 이렇게 말했다. "나는 말을 더 믿는다. 자동차는 일시적인 현상이다." 오늘날 이런 생각이 안타깝게 들리겠지만, 당시에 자동차를 타는 사람들은 아랑곳하지 않고 차와 연료 공급을 위해 필요한 시설들을 건설하기 시작했다. 1939년에 독일 제국에는 다양한 크기의 이런 서비스센터가 6만 5000개에 달했는데 이 센터들은 '제국 아우토반' 프로젝트의 일부였으며, 특히 전쟁 준비에 큰 도움을 주었다.

제2차 세계대전이 끝나가던 무렵에, 헝가리 출신의 수학자 존 폰 노이만John von Neumann은 이미 컴퓨터를 구상했다. 노이만의 설계에는 연산장치, 제어장치, 메모리, 그리고 정보와 데이터의 입출력 장치가 들어있었으며, 이 장치들은 오늘날에도 여전히 컴퓨터를 구성하는 주요 요소다. 노이만은 영국인 앨런 튜링Alan Turing이 고안했고 그의 이름을 딴 기계에서 많은 도움을 받았다. 1937년에 설계한 자신의 기계로 튜링은 증명 가능성과 계산 가능성의 한계를 연구하려고 했다. 그는 이산 형태의 정보를 관찰하면서 미래의 모든 컴퓨터가 수행해야 하는 일을 했는데, 이 작업을 통해 새로운 가능성을 만들어냈다. 조지 다이슨George Dyson이 "디지털 시대의 기원"을 다룬 『튜링의 대성당Turings Kathedrale』에서 서술했듯이, "튜링 이전의 숫자들은 인간이 그 숫자로 무언가를 해야 하는 객체들이었다. 튜링 이후에 수는 스스로 무언가를 하기 시작했다."『대성당』은 튜링의 이해하기 어려운 확신에 기초하는데, 튜링은 컴퓨터가 "신에 의해 창조된 영혼들을 위한 비밀 장소를 제공하게 될 것"이라고 보았다. 튜링은 제2차 세계대전에서 무기 기술보다 더 중요한 암호문서를 해독함으로써 연합군의 승리에 기여했다. 계산 기계의 능력이 보여준 긍정적 측면이었다. 다른 한편으로 이 기여는 계산 기계의 중요성을 넘어서는 의미를 갖는다. 야만에 대한 문명의 승리이자, 다른 생각들을 생산하고 수용하는 문명의 생존을 의미했던 것이다.

튜링이 영혼을 생각하면서, 혹시 기계도 생각할 수 있는지 궁금해하는 동안, 미국에 있던 노이만은 '컴퓨터도 언젠가는 번식을 하게 될까'라는 질문을 다루고 있었다. 이 문제를 골똘히 생각하면서 노이만은 친구에게 자신이 폭탄보다도 중요한 문제를 다루고 있다고 설명했다. 노이만은 컴퓨터와 함께 인간 창조성의 가장 파괴적이면서 동시에 가장 건설적인 발전이 인간 바로 옆에서 진행된다는 도발적인 생각을 했다. 미국 과학자들은 우선 1943년에 시작된 맨해튼 프로젝트를 마무리해야 했다. 이 프로젝트의 목표는 원자폭탄 개발이었다. 이 과제는 지금껏 없었던 규모의 계산이 필요했으므로, 이를 수행할 수 있는 기계도 필요했다. 재래전 또한 10자리가 넘어가는 숫자의 곱셈이 필요했다. 수시로 변하는 풍속과 풍향을 고려하면서 폭탄의 목표 지점을 정밀하게 계산하기 위해서였다.

이런저런 이유로 계산 능력을 높일 필요가 있었다. 1945년에 '에니악Electronic Numerical Integrator and Calculator, ENIAC'이라고 불리는 아날로그 전자계산기가 설치되었다. 1만 8000개의 진공관으로 조립된 에니악의 무게는 30톤에 달했으며, 설치를 위해 140제곱미터의 바닥이 필요했다. 에니악은 당시 다른 계산기들에 비해 1000배나 빨랐다. 독일에서 작동하고 있었던 유명한 Z3 모형보다도 빨랐다. Z3는 모국 독일에서 오랫동안 잊힌 엔지니어 콘라트 추제Konrad Zuse의 작품이다. 추제는 1938년부터 프로그래밍이 가능한 기계식 계산기를 만들었다. 처음에는 인종 연구에 사용하기 위한 사악한 의도로 시작했다. 이 계산기는 Z1, Z2, Z3, Z4까지 나왔는데, 추제는 1949년에 스위스 취리히 연방 공과대학교ETH에 Z4를 판매했다. 컴퓨터 프로그래밍이 필요하다는 생각은 에니악 팀까지 거슬러 올라갈 수 있지만, 1957년이 되어서야 처음으로 IBM이 프로그램 언어를 도입했다. 이 언어의 이름은 '포트란FORTRAN'이며, "Formal Translation"의 약자다.

현대의 기계는 복잡한 계산을 하는 데 1초도 걸리지 않는다. 여기서 질문이 생긴다. 컴퓨터 성능의 발전과 소형화의 성공을 가능하게 해준 것은 무엇일까? 대답은 트랜지스터다. 트랜지스터의 제작 원리는 1947년 12월에 발견되었다. 세 명의 물리학자, 윌리엄 쇼클리William Shockley, 존 바딘John Bardeen, 월터 브래튼Walter Brattain은 사람들이 반도체라고 이름을 붙인 결정체 혹은 고체의 특성을 체계적으로 연구하려고 했다. 반도체 연구는 그전까지 주목받지 못하던 변두리 분야였다. 가끔은 전기가 흐르고 때때로 그렇지 않은 물질인 실리콘 같은 원소로 무엇을 할 수 있겠냐는 질문 속에, 처음에는 물리학에서 별다른 주목을 받지 못했던 것이다. 그러다가 레이더 성능 개선을 위한 작업에서 반도체에 대한 과학적 관심이 생겨났다. 대단히 약한 신호도 잘 받을 수 있는 수신기(검파기)가 필요했는데, 어느 날 반도체가 여기에 도움을 줄 수 있다는 생각을 하게 되었다. 복사 에너지 공급 같은 아주 작은 외부 조건의 변화에 일부 반도체 결정이 갑자기 절연체에서 전도체로 변환되었는데, 이 특징을 정교한 검파기 제작에 활용할 수 있었다. 1945년 이후 이 발전은 회로에 체계적으로 도입되면서, 1947년에 첫 번째 트랜지스터가 나왔다. 트랜지스터라는 단어는 트랜스퍼Transfer(전달)와 레지스턴스Resistance(저항)의 조합에서 나왔다. 그렇게 '전달저항'은 전기를 막을 수도 있고 증폭할 수도 있었다. 트랜지스터는 진공관이 할 수 있었던 일을 더 잘할 수 있었을 뿐 아니라, 훨씬 싸고 작게 만들 수도 있었다.

초기에 가장 큰 관심을 받았던 반도체는 실리콘Silicon이다. 실리콘은 모래에 많이 들어 있다. 모래는 대부분 이산화규소로 구성되며, 이산화규소는 순수한 형태에서 흔히 석영으로 알려져 있다. 이 화학 성분을 영어로 '실리콘'이라 부르며, 1970년대에 미국 컴퓨터 산업의 요람이 되었던 실리콘 밸리의 이름도 여기서 나왔다. 실리콘의 이용 원리를 설명하기 위해 실리콘 원자를 생각해 보자. 실리콘 원자에는 바깥 껍질을 구성하는 최외각 전자 4개가 있다. 실리콘 결정 안에서 이 전자들은 주로 원자들에 결합되어 전류의 흐름을 허락하지 않는 상태에 있다. 실리콘 결정에 하나의 요소를 제공하면, 즉 인P처럼 다섯 개의 최외각 전자를 갖고 있는 원소를 첨가하면(이를 도핑이라고 한다), 이 결합 상태를 바꿀 수 있다. 실리콘 결정에 결합된 각각의 인 원자들은 자유 전자를 하나씩 방출하고, 이 전자들이 전류로 흐를 수 있다. 반대로 알루미늄처럼 최외각 전자가 3개 있는 원소를 추가할 수도 있다. 이 도핑에서는 구멍이 하나 생기며, 사람들이 밖에서 밀려올 때 가운데 빈자리가 채워지듯이 이 구멍 또한 움직일 수 있다. 전자 하나가 많을 때, 그 전자는 음전하를 띤다. 그래서 물리학자들은 이를 N형 반도체라고 부른다. 전자 하나가 적을 때는 양의 구멍positive hole(양공)이 생겨나므로, 이를 P형 반도체라고 한다. 이 개별 반도체를 기적의 작품으로 볼 필요는 없지만, PNP 또는 NPN과 같은 N형과 P형의 적절한 조합으로 세상을 바꿀 수 있다. 바로 트랜지스터가 이런 반도체의 조합물인 것이다. 예를 들어 NPN 조합에서는 작은 전류가 중간 크기로 커지는 증폭기 역할을 하게 된다.

양자역학 지식이 없었다면 트랜지스터는 존재하지 않았을 것이다. 18세기에는 여전히 증기기관만 만들 수 있었고, 19세기에는 열역학 법칙을 알지 못한 채 철도를 놓았다. 20세기 후반기에 와서 뭔가를 원하는 것만으로는 더는 충분하지 않게 되었다. 트랜지스터의 발명이 보여주듯이 근본적인 새로움을 창조하기 위해서는 이제 무언가를 알아야만 했다. 이 작은 사례를 거대한 역사의 조류로 바꾸려는 사람은, 산업사회에서 정보사회와 지식사회로의 변환이 이미 시작되었다고 말할 수 있으리라.

정보에 대한 첫 번째 이론은 1948년으로 거슬러 올라간다. 수학자 클로드 섀넌Claude Shannon은 더 나은 메시지 전달 방법을 깊이 고민하고 있었다. 섀넌은 '더 나은'의 의미를 정의하기 위해 모든 기호를 0과 1로만 표기하고, 이 정보 값을 필요한 자릿수의 크기로 규정하자는 제안을 했다. 섀넌은 '이진법binary digits'을 이야기한 것이다. 이진법은 간단하게 **비트**Bit로 불리며 일상 언어에 자리 잡았다. 이진 표기법이라는 생각은 수학자들에게는 아주 오래된 소재이며, 이미 계산기를 제작할 때 논의되었다. 17세기에 고트프리드 빌헬름 라이프니츠는 이진 코드를 생각하면서 숫자를 이진법으로 표기할 수 있는 가능성을 숙고했었다(여기서 7은 세 자릿수 111이 되며, 라이프니츠는 이를 삼위일체의 상징으로 보았다). 하지만 섀넌의 목적은 정보를 측정할 수 있는 가능성을 만드는 게 아니었다. 그는 정보를 전기회로 안에서 메시지로 전달하고 싶어 했다. 이를 위해서 전기가 흐르면 1로, 전기가 흐르지 않으면 0을 세는 이진법은 매우 유용했다. 1948년에 나온 자신의 두 가지 작업이 담긴 『의사소통의 수학적 이론A Mathematical Theory of Communication』에서 섀넌은 먼저 2진법으로 표기하고 그다음 0과 1의 개수를 조사하여 메시지에 담긴 정보의 내용을 정할 것을 제안했다. 즉, 우리가 흔히 쓰는 숫자 0, 1, 2, 3, 4, 5, 6, 7, 8, 9는 이진법으로 다음처럼 표기된다. 0, 1, 10, 11, 100, 101, 110, 111, 1000, 1001, 1010. 하나의 부호를 정해주면 문자도 이진법으로 표기할 수 있다. 부호는 기호(하나의 철자)를 다른 기호(숫자)로 바꾸어주는 규정으로 이해할 수 있다. 어떤 이들에게는 모스 부호가 떠오를 것이다. 모스 부호에서는 문자들을 전신으로 보낼 수 있는 길고 짧은 발신 전류의 조합으로 표현했다. 현대 컴퓨터공학에서는 종종 8비트로 작동하는 코드가 이용되며, 이 정보 단위를 바이트Byte라고 말한다. 이미 밝혀졌듯이, 철자, 숫자, 특수문자 등을 부호화하는 데 8비트(즉, 1B

바이트)는 2의 8제곱, 256개 가능성을 제공한다. 이렇게 모든 정보는 컴퓨터에서 전자 신호로 입력할 수 있다. 고대에 '정보'는 알려주거나 창조하게 하는 것을 의미했다. 여기서는 정보의 의미가 중요했지만, 섀넌은 이를 배제했다. 섀넌은 이 복잡한 문제를 무시하려고 했는데, 그가 생각하기에 "의사소통의 의미적 측면은 기술 문제에서 중요하지 않기 때문이다." 그렇게 섀넌은 자신의 수학적 정보 이론을 발전시킬 수 있었으며, 그 이론으로 디지털 시대가 시작된다.

트랜지스터를 발명한 세 명 가운데 빌 쇼클리 한 명만, 이 발명품의 경제적 잠재성을 보았다. 쇼클리는 1950년대에 회사를 하나 세웠고, 트랜지스터 결정의 순수성과 신뢰성을 돌보면서 트랜지스터를 가능한 한 작게 만들려고 시도했다. 1957년에 이 회사에서 8명이 나와 따로 다른 회사를 만들었는데, 고든 무어Gordon Moore도 그중 한 명이었다. 바로 무어의 법칙이 고든 무어에게서 나왔다. 이 법칙에 따르면, 하나의 실리콘 칩에 심을 수 있는 트랜지스터의 수는 약 18개월마다 두 배 증가한다. 칩이 장착된 컴퓨터의 저장 능력과 계산 능력도 마찬가지로 향상된다. 이 법칙은 오늘날까지도 적용될 수 있다.

잭 킬비Jack Kilby가 1958년에 최초의 집적회로를 만든 후에 칩이 존재하게 되었다. 첫 번째 집적회로는 아직 트랜지스터 몇 개로만 구성되었으며, 하나의 인쇄 회로 기판에 조립되어 논리적 연산을 수행할 수 있게 서로 연결되어 있었다. 이 논리적 연산들은 19세기 영국 수학자 조지 불George Boole의 작업에 기초하고 있다. 불의 논리를 통해 기계들은 'and', 'or', 'not'과 같은 연산을 수행할 수 있었고, 그 결과 단순 연산보다 더 많은 걸 계산할 수 있었다. 곧, 점점 더 많은 트랜지스터를 연결하게 되면서 수십만 개의 트랜지스터를 칩들에 심는 데 성공하였다. 이 칩들은 논리 연산을 수행할 수 있었고 컴퓨터의 중앙장치, 즉 CPU로 작동하는 데 필요한 지침을 내릴 수 있었다. 이때부터 이 집적회로를 '마이크로프로세서'라고 불렀다. 인텔은 1971년에 모든 '프로그래밍이 가능한 논리회로'의 조상이라고 할 수 있는 마이크로프로세서를 '인텔 4004' 라는 이름으로 발표했다. 그리고 불과 2년 만에 산업 생산 과정의 프로세스를 인수하고 관리할 수 있는 프로세서 8008을 발표해, 제3차 산업 혁명의 닻을 올렸다.

첫 번째 칩이 완성되었을 때, 기술자들은 처음으로 '소프트웨어'에 대해 말했다. 프로그램을 의미하는 소프트웨어는 처음에는 하드웨어와 함께 배송되었다. 그 후 회사들은 이 사업을 분리하였고 늘 새로운 컴퓨터 언어로 된 소프트웨어만 따로 제공하였다. 마이크로소프트와 설립자 빌 게이츠Bill Gates가 이 분리의 전형적인 사례를 보여준다. 빌 게이츠는 스티브 잡스Steve Jobs의 애플과 마찬가지로 1970년대를 휘저었다. 그 결과 거대한 에니악 이후 사람들이 들고 다닐 수 있는 작은 기기를 다루는 세대가 생겨났다. 이 기기들은 작은 크기에도 훨씬 더 많은 계산을, 그것도 더 빠르고 정확하게 수행할 수 있었다. 이 아름다운 디자인의 컴퓨터는 랩톱 또는 노트북이라고 불렸으며, 1975년 이후 시장에 처음 등장했다.

이와 함께 문서와 정보 저장과 관리에 필수 요소가 된 디지털 공간을 보는 시선이 열리게 된다. 디지털 공간은 정보를 착취, 감시하고 인간을 억압하는 방법이 **자유 공간**과는 완전히 다름을 보여준다. 그 시작을 우리는 지금 경험하고 있으며 자본주의자뿐만 아니라 공산주의자들도 디지털적 방법의 완벽한 실현을 국가의 원칙으로 치켜세우고 있다.

디지털적 방법은 기계 속 공간에 관한 것이다. 현실 세계의 일이 기계 속으로 옮겨가면서 실제 세계에서는 사용하지 않았을 기능들이 점점 생기게 되었다. 다비드 구겔리David Gugerli가 디지털 현실의 생성에 관한 자신의 책에서 서술하듯이, 기계 속으로의 현실 이전은 특히 "IBM의 기술로 완전무장된 미국 항공 우주국 나사의 **임무 통제 센터**Mission Control Center를 통해" 역동성을 얻었다. 이 책에서 구겔리는 독일 연방범죄수사청Bundeskriminalamt과 국제은행들이 그들의 업무와 사업을 디지털 공간에 어떻게 옮겨놓았는지도 알려준다. 이 이전 과정에서 '전산학'이라는 새로운 분야가 과학, 경제, 사회의 상호활동 속에서 생겨난 것이 도움을 주었다. 정보학자들은 이용 가능한 기기에 새로운 계산 과정(알고리듬)을 고안하고 계산 능력의 한계를 탐구한다. 그리고 이들은 프로그램 형태의 전문가 시스템을 구축한다. 이 프로그램들은 날씨나 건강 같은 구체적 상황에 맞추어져 지금까지는 그 분야의 전문가들만 사용할 수 있었던 정보들을 모든 사람들에게 제공한다.

당연히 전산학자들은 더 많은 일을 할 수 있다. 초기부터 수학은 전산학자의 수련 분야였다. 특히 수학은 프로그래밍 언어와 계산 과정을 제공한다. 장치와 회로 요소를 생산하는 전기공학도 수학과 마찬가지로 전산학의 일부다. 그사이 엄청난 규모의 구성물에 대한 이해도 전산학의 일부가 되었다. 이 구성물은 전 세계를 아우르는 정보 네트워크로서 바로 '월드와이드웹WWW'을 말한다. 월드와이드웹은 1989년에 제네바에 있는 유럽 최대 연구소인 유럽입자물리연구소CERN에서 생겨났으며, 1991년 8월에 국가기관 이외에도 대중이 사용할 수 있도록 공개되었다. 몇 년이 지나지 않아 거의 모든 컴퓨터가 다른 컴퓨터와 연결되었다. 오늘날 사람들이 줄여서 '인터넷'이라고 부르는 네트워크는 이렇게 생겨났으며, 연구의 새로운 시대가 가능해졌다. 사람들은 '네트워크화된 과학'을 말하면서 집단 지성의 결과를 긴장 속에 기다리고 있다. 이메일 서비스를 비롯한 이 거대한 인터넷은 1969년에 미국 국방부의 프로젝트로 시작했던 아파넷ARPANET이라는 작은 프로젝트에서 발전했다. 고등 연구 계획국Advanced Research Project Agency, ARPA이 이 프로젝트를 담당했는데, 이들의 과제는 부족한 계산 능력을 향상시키기 위해 대학과 다른 연구기관에 있는 이용 가능한 컴퓨터를 연결하는 것이었다. 이 프로젝트에서는 멀리 떨어져 있는 컴퓨터를 연결하여 사용자들이 서로 의사소통하는 일이 중요했으며, 이메일을 통해 그 일을 진행했다.

월드와이드웹이라는 정보의 정글에서 길을 찾기 위해서는 검색 엔진이 필요했다. 1998년에 검색 엔진 하나가 시장에 등장했는데, 이제는 이 검색 엔진을 모르는 사람이 거의 없다. 래리 페이지Larry Page와 세르게이 브린Sergej Brin이 창립한 구글을 말한다. 두 사람이 창립한 구글 주식회사는 이용자들에게 '구글링' 서비스를 제공한다. 한편 2004년부터 독일어 대표 사전 두덴Duden에 '구글 검색을 하다'는 뜻의 동사 구겔른googeln이 등록되었다.

같은 해에 한 소셜 네트워크도 생겨났다. 페이스북이라 불리는 이 네트워크는 원래 하버드대학교 학생들끼리 소통하기 위해 만들어졌다. "정보는 확산되어야 한다." 설립자 마크 저커버그Mark Zuckerberg의 모토였다. 곧 이 웹사이트는 미국의 모든 대학을 위해 개방되었으며, 2006년에 외국 기관들도 연결할 수 있게 되었다. 2010년에 페이스북 공동체는 이미 4억 명을 넘어섰고 오늘날 이용자 수는 전 세계적으로 거의 20억 명에 이른다.

· CHAPTER 7 ·

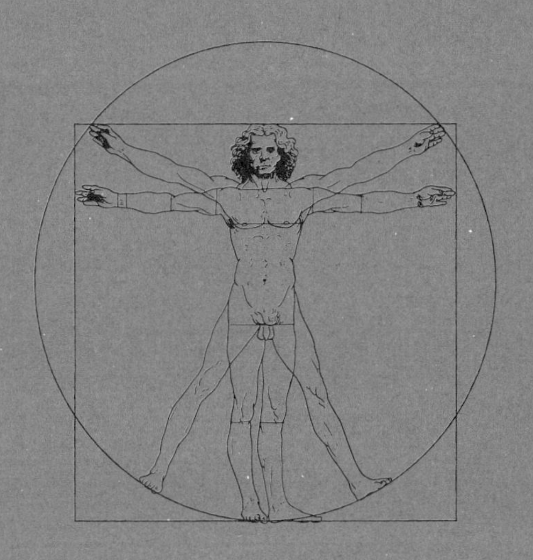

예술을 위한 시간, 혹은 과학에서 진리로

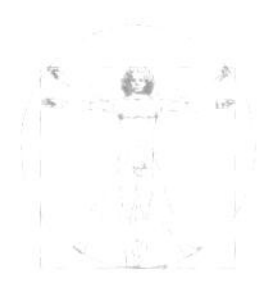

『호모 루덴스Homo ludens : 놀이하는 인간』. '놀이 문화의 기원'을 설명하는 요한 하위징아Johan Huizinga의 책 제목이다. 이 책에서 하위징아는 놀이를 자유로운 행위라고 생각한다. 지식 또한 이런 행위에서 얻을 수 있다. 예를 들어, '바람 한 점 없을 때, 바람은 무엇을 할까?'라고 아이는 물을 수 있다. 놀이를 뜻하는 독일어 'Spiel'은 고대 고지 독일어에서 나왔으며, 내면의 움직임이 외면으로 드러나 보이는 춤 행위를 가리켰다. 인간들은 어떤 목적에 기여하려는 의지 없이 행위 자체에서 오는 즐거움으로 춤추고 놀이를 한다. 위대한 연구자들 또한 어떤 것이 자신의 내면에서 밖으로, 그리고 통찰로 솟아 나올 때 이를 경험한다. 베르너 하이젠베르크는 자신의 과학적 사유를 "끝

없이 흥미진진하고 예술로 이끌어주는 놀이"로 느꼈으며, 그 놀이를 하면서 평생 호기심과 창조력 가득한 아이로 머물 수 있었다.

북극곰, 사자, 혹은 침팬지를 관찰하면 알 수 있듯이 동물들도 놀이를 할 줄 안다. 그러므로, 인간은 '놀이하는 인간'이자 '시를 쓰는 동물'이라는 규정도 받아들일 만하다. 이 표현은 카를 아이블Karl Eibl이 쓴 책의 제목인데, 문예학자 아이블은 이 책에서 생물학적 문화이론의 기초를 구상한다. 아이블은 춤과 놀이 욕구를 특별한 이유가 없어도 당연하게 받아들이는 욕구의 일부라고 설명한다. 왜 인간은 다른 행동에서와 달리 춤과 놀이 같은 행동에서 만족과 즐거움을 느끼는지 해명하려고 노력할 필요가 없다는 말이다. 욕구는 진화의 목록으로서 문화에서 모습을 드러내는 것처럼 보인다. 아이블은 여기서 설명할 가치가 있는 개념 하나를 만들었는데, 철학자 칸트는 이 개념을 "무관심한 만족interesseloses Wohlgefallen"이라 지칭하며 철학적으로 드높였다. 아이블은 어떤 욕구 모드에 대해 말한다. "특별한 재능이 있는 사람이 흥미진진한 이야기들을 설명할 때, 혹은 양의 말린 내장에서 특이한 소리가 만들어져 감흥을 느낄 때[1]" 이 모드가 실질적으로 작동된다. 욕구 모드와 이와 관련된 행복감은 진화에서 중요한 효과를 낸다. 생화학이 정확히 측정해 줄 수 있듯이, "긴장이 풀리면서 기분이 좋아지고, 면역체계도 강화되며, 성호르몬 또한 다시 의무를 다하기 때문이다."

여기서 진화에 관해 토론하기 위해서는, 궁극인ultimate causation과 근접인proximate causation을 구별할 필요가 있다. 궁극인은 어떤 특징이 가진 기능에 관심을 갖는다. 근접인은 한 유기체에게 그 특징을 이용할 수 있게 해주는 메커니즘에 관심을 둔다. 예를 들어, 성의 궁극 목표는 생식이다. 여기서 성욕은 근접적 충동으로 작동한다. 음악 감상, 체스 놀이, 운동처럼 기쁨을 주는 어떤 일을 할 때, 욕구는 스트레스에 맞서기 위한 근접인으로 작동한다. 이런 활동

---

1 음악 감상을 말한다.

의 궁극 목표는 인간이 어려운 상황들을 극복할 수 있게 해주는 것이다. 마치 살아가는 데 필요한 양식과 같은 활동들이다. 이 일에 성공했다면, 이제 긴장이 풀리고 스트레스는 사라진다. 그리고 이때 욕구 모드가 도움을 준다. 욕구 모드 때 인간은 자신의 유전적 특성을 마음껏 표출한다.

실제로 욕구는 진화의 목록이다. 진화는 이런 방식으로 지식을 향한 인간의 가장 진지한 추구를 오락에 대한 즐거운 애착과 결합시키는 데도 성공했다. "우리는 우리가 이야기하는 것을 안다. 그리고 우리는 우리가 아는 것을 이야기한다." 로저 생크Roger C. Schank의 책 『이야기를 들려줘Tell me a story』에 나오는 말이다. 이야기란 언어를 욕구 양식으로 활용하는 일이다. 이야기는 원래 말로 할 수 없지만 그럼에도 말하고 싶은 것을 말할 수 있게 해준다. 요약하면, 말할 수 없는 것에 대해 침묵할 필요는 없다. 오히려 그 반대다. 인간은 욕구 양식 안에서 말로 할 수 없는 것을 말할 수 있으며, 지식욕이 있는 사람들은 이것을 통해 욕구를 채운다.

이야기는 대개 실제 일어나지 않았지만, 청자들이 상상할 수 있는 사물과 인간에 대한 가상의 역사들Geschichten이다. 실제로 일어났던 사건에 관해 이야기할 때는 흔히 단수로 역사Geschichte라고 한다. 그러나 역사학자들은 두 가지 사실을 알고 있다. 첫째, 어떤 설명도 전체 사실을 나열할 수 없으며 언제나 다른 버전의 설명이 가능하다. 둘째, 막스 프리슈Max Frisch의 소설 『내 이름이 간텐바인이라면Mein Name sei Gantenbein』에서 읽을 수 있듯이, 누구나 자기 삶에서 중요하다고 생각하는 것을 언젠가는 자신의 역사로 창작한다. 과학에서 경험할 수 있듯이, 사람들은 "모든 것을 이야기의 형태로, 그리고 이런 이야기를 발명하고 이용하는 방법의 형태로" 소유한다. 1800년대 낭만주의의 대표자들은 인간을 "언제나 창조적인 일을 하며 스스로를 직접 창조해 가는" 어떤 존재로 이해했다. 한편 교부 아우구스티누스Augustinus는 예술적 영감을 주는 창조적 사고를 이렇게 표현했다. "나는 나의 기억이다ego sum qui memini." 이렇게 아우구스티누스는 일찍이 낭만주의의 핵심 사상을 발설했다. '진화'라는 선택의 과정에서 자신의 창조력을 펼치는 자연을 보고 찰스 다윈은 바로 이 창조성을 직접 감지했다. 또한 '시적 동물' 또는 '놀이하는 인간'에서 자연은 자신이 가진 창조력의 정점을 보여준다. 이렇게 자유로워진 인간은 자신을 낳은 세계를 인간의 관점에서 이해하고 구성하는 방식으로 이 내면의 창조 운동을 밖으로 확장한다. 그래서 괴테의 파우스트는 「요한복음」 맨 처음에 나오는 유명한 구절을 다음과 같이 번역한다. "태초에 (말씀이 아닌), 행동이 있었다." 이 행동이 바로 인간의 창조적 행위를 말한다.

창조성은 예술뿐 아니라 과학에서도 드러난다. 그런데, 연구자들은 (이미 과거부터 있었던 것을) 단지 발견만 할 뿐이며, 예술가들은 (그들이 없었다면 존재하지 않았을) 무언가를 발명한다고 생각하는 사람들이 많다. 이런 생각이 오류임을 아인슈타인의 경험이 말해준다. 아인슈타인은 자신이 경험한 과학의 기본 법칙을 "인간 정신의 자유로운 창조"라고 말하며, "이론의 기초들이 가진 순수한 허구적 특징"을 강조한다. 그러므로 아인슈타인이 보기에 예술과 과학은 당연히 공통점이 있다. 자신이 쓴 『나의 세계관Mein Weltbild』에서 밝혔듯이, 양쪽 모두에 "비밀스러움의 경험"은 존재하며, 이 경험은 "진정한 과학과 예술이 태어날 때부터 늘 함께하기" 때문이다.

사회학자 게오르크 지멜Georg Simmel에 따르면, 비밀스러움은 "인류의 가장 위대한 업적 가운데 하나다." 원래는 "미스테리움mysterium", 즉 "신비"라고 불렀는데, 마르틴 루터가 이 단어를 아름다운 독일어 '비밀Geheimnis'로 옮겼다. 인간은 신비로운 경험을 명료하게 묘사하기 어려웠기 때문에 이야기가 필요했다. 인류는 일찍이 신화라는 형태로 이 이야기를 창조했는데, 이를 통해 자신들의 상상력으로 세계를 설명하려 했다. 칼 포퍼는 신화에서 과학과 예술의 공통 기원을 보았으며, 심지어 이를 '혈연관계'라고 표현했다. 왜냐하면, 둘 다 "우리의 기원과 운명, 그리고 세계의 기원과 운명을 해석하려는" 시도에서 태어났기 때문이다. 합리적 철학의 대사제 가운데 한 사람이 과학과 예술에 대해 이렇게 고백하고 있다.

예술과 과학에 대해 미국 작가 레이먼드 챈들러Raymond Chandler는 이렇게 말했다. "진리에는 두 가지 종류가 있다. 길을 제시하는 진리와 마음을 따뜻하게 해주는 진리가 그것이다. 첫 번째 진리는 과학이며, 두 번째 진리는 예술이다. 이 두 진리는 서로 연결되어 있으며, 누가 더 중요하다고 말할 수 없다. 예술이 없다면 과학은 마치 배관공의 손에 있는 정교한 핀셋처럼 쓸모가 없을 것이다. 과학이 없다면 예술은 전통 민속과 감정적 기만(돌팔이 치료)이 뒤섞여 엉망진창이 될 것이다. 예술의 진리는 과학이 비인간화되는 것을 막아주며, 과학의 진리는 예술이 우스워지는 것을 막아준다."

챈들러는 과학적 성과에서 연구소에 있는 집단이 아닌, 과학 작업에 참여한 창조적 개인을 보게 될 때 과학을 더 잘 이해할 수 있다는 점을 특별히 말하고 싶었다. 1781년에 자신의 아버지에게 쓴 편지에서 음악은 "귀를 즐겁

게 해주어야 한다."라고 했던 모차르트Wolfgang Amadeus Mozart를 우리가 알고 있듯이, 예술에서 이는 너무나 당연한 일이다. 환상이 없는 과학은 없으며 사실이 없는 예술도 없다. 작곡가, 작가, 화가 혹은 조각가는 창작 활동을 시작하기 전에 혹은 자신의 작품을 세세하게 만들어 가면서 인식과 생각을 하게 된다. 이 예술가의 이 인식과 생각이 경험될 때, 예술에 더 가까이 갈 수 있다. 예를 들어 모차르트의 오페라를 듣는다면 오도권 활용을 마음뿐만 아니라 이성으로도 이해할 필요가 있다. 마찬가지로 양자역학을 마음으로 이해하려는 시도도 가치가 있다. 양자역학이 형이상학적으로 얽힌 세계를 설명함으로써 실존주의(허무주의) 철학자들이 더는 과감하게 몸을 던지지 못하는 허무 앞에 그물을 펼쳐줄 수 있기 때문이다. 철학은 더는 곤경에 처할 일이 없어진다.

인간의 생산 활동에서 예술과 과학의 상보적 결속을 발견할 수 있다면, 인용된 「요한복음」 구절을 다시 다른 개념으로 번역할 필요가 있다는 생각이 떠오른다. 이 개념은 제2차 세계대전이 끝날 무렵 제기되어 그 후 계속해서 확장되어 갔다. "태초에 (행동이 아닌) 정보가 있었다." 정보가 행동을 유도한다. 앞장에서 서술했듯이, 정보는 과학적 개념으로 변환하기 전에는 창조 활동과 관련이 있었다. 즉, 무형의 재료에서 형태가 있는 예술 작품을 만들 때 재료에 추가되어야 하는 것으로 이해되었다. 창세기에서 신은 인간을 만들기 위해 진흙에 정보를 제공하고, 르네상스 시대에 미켈란젤로Michelangelo는 걸작 〈피에타〉를 만들기 위해 대리석에 정보를 주었다. 20세기에는 콩스탕탱 브랑쿠시Constantin Brancusi가 조각가와 원석, 그리고 정보를 탐구했다. 말하자면, 조각가가 원석에 인간 형상을 부여하는 동안 원석에서 얼마나 많은 것을 유지시킬 수 있을까 하는 질문을 다루었다.

이런 종류의 창조적 형상 만들기는 열린 결말의 긴 역사를 갖고 있다. 그 시작을 설명하기 전에 앞에서 제안한 "태초에 정보가 있었다."라는 구절 안에 들어 있는 또 다른 내용을 언급할 필요가 있다. '태초' 또한 다르게 해석하여, "원재료 안에 정보가 있었다."라고 적어야 마땅하다는 주장을 종종 읽을 수 있다. 정보 없이는 아무것도 존재하지 않았을 것이다. 이 문제를 고대 최고의 지식인이었던 그리스 작가 플루타르크Plutarch가 식사 대화 자리에서 언급했던, '닭이 먼저냐, 달걀이 먼저냐'는 논의로 이해해서는 안 된다. 그보다는 물리학자 아치볼드 휠러가 1989년에 〈비트에서 존재로It from Bit〉라는 아름다운 제목으로 강연했던 내용을 생각할 필요가 있다. 이 강연에서 휠러는 '정보와 정보를 받으면서 동시에 진행되는 창조 활동 덕분에 존재가 생겨나지 않을까'라는 질문을 던졌다. 인간은 자신이 살고 있는 우주에 참여하고, 이 우주에서 물리적 사물들은 물질적 기원에서 생겨나거나 흘러나온 것이 아니라고 휠러는 생각했다. 이 생각은 공감받을 만할 뿐만 아니라 타당하기도 하다. 인공지능과 기계 안의 정신이 커져가는 시대에는 더욱더 그렇다. 다음 과정은 중요하며 알아야 할 가치가 있다. 원재료 상태인 태초에 원자를 창조하기 위해 정보가 온 세계에 편재하는 에너지를 이용했었다. 그다음에야 오늘날 창조의 순환이 완성될 수 있다. 원자들은 분자들에 정보를 전달하거나, 분자들을 구성한다. 분자들은 세포소기관을 구성하며, 세포소기관은 세포를 구성한다. 세포 역시 신체 기관들을 구성하고 신체 기관들은 마침내 생명체를 구성한다. 생명체들은 더 나아가 사회를 조직하며, 이 사회에서 원자를 재료로 비트로 계산되는 정보들을 형상화하는 일을 시작한다. 거대한 순환이 시작된 후 이 정보들이 세계를 움직였고 세계가 계속 돌아갈 수 있게 돌본다.

전체로서의 **호모 사피엔스** 역사는 이처럼 정보와 정보를 통한 형성 능력으로 설명된다. 좁은 인간의 환경에서 이 역사는 이미 석기시대부터 존재하는 예술을 통해 증명될 수 있다. 석기시대에 인류는 이미 상아로 작은 조각상을 만들었다. 홀레펠스Hohlefels의 비너스로 알려진, 거대한 가슴을 가진 이 상아 조각상은 3만 5000년에서 4만년 전 작품으로 추정되며, 독일 남부 슈바벤 알브Schwäbische Alb 산악 지대의 동굴 홀레펠스에서 발견되었다. 이 동굴에서는 상아로 된 사자인간 조각상도 발견되었다. 인류의 초기 예술가들이 다양한 차원의 세계를 넘나들던 샤먼 형상을 창조했던 것이다. 즉, 당시 사람들은 또 다른 세계를 생각했었음을 의미한다. 마지막으로 최근에 발견된 지금까지 알려진 것 중에 가장 오래된 악기도 있다. 이 악기 역시 셸클링겐Schelklingen시 근처에 있는 슈바벤의 석회 동굴 홀레펠스에서 발견되었다. 새 뼈를 다듬어 만든 이 피리는 이미 3만 5000년 전에 음악을 만들어냈던 것이다. 피리는 동굴을 아름다운 소리로 가득 채웠고, 사람들이 춤을 추도록 고무시켰을 것이다. 그리고 신체 활동은 그들에게 욕구를 일으켰을 것이다. 그럴듯한 상상이다. 아마도 그들은 그곳에서 기분 좋게 노래도 불렀을 것이다. 노래를 위한 생리적 조건들은 이미 100만 년 전에 갖추어졌기 때문이다.

사자인간과 비너스보다 수만 년 앞선 시기에 남아프리카의 추상적 그림들(7만 년 이상 된)과 보르네오의 황토 그림이 있다. 이처럼 이미 인류 초기에 전 세계적으로 예술이 시작되었음을 우리는 알고 있다. 프랑스 아르데슈Ardèche의 계곡 동굴에 있는 그림들도 여기에 속한다. 약 4만 5000년 전에 이곳에 있던 사람들은 숯으로 동굴 벽에 말과 들소 같은 동물의 형상을 그렸다. 이 그림들은 가장 오래된 예술 작품일 뿐 아니라 몇몇 그림들은 마치 고대의 만화영화처럼 생명의 움직임을 두드러지게 표현하려고 했던 것처럼 보인다. 아쉽게도 아르데슈 계곡 그림들은 스페인 알타미라Altamira와 프라스 도르도뉴Dordogne주 라스꼬Lascaux 벽화의 그늘에 가려져 있다. 이 두 곳의 벽화들은 약 2만년 전에 그려진 것으로 추정된다. 이런 원시동굴 그림들에는 말, 사슴, 황소들이 많이 등장하지만, 인간의 형상은 거의 없다. 기껏해야 인물 스케치만 있을 뿐이다. 이 점과 함께 흥미로운 질문이 또 하나 있다. 인간들은 도대체 왜 동굴에 그림을 그렸을까? 네안데르탈인 시대 때의 오래된 유적은 그림 예술이 동시에 '처음부터' 인류의 일부였음을 암시한다. 1970년대 동굴 속에 그림을 그리는 호주 원주민들에게 누군가 물었을 때, 그들은 스스로 그림을 그리는 게 아니라 그들 안에서 무언가가 나와 그림을 그리도록 손을 이끈다고 대답했다. 인간들은 내면의 눈으로 영혼을 찾고 발견한다. 그리고 그 영혼을 외부에서 보고 싶어 한다. 동굴 벽에서 혹은 저 높은 창공에서. 안에 있는 것이 곧 밖에 있는 것이기 때문이다. 그렇게 동굴 그림들은 공개된 비밀로서 드러난다. 그 그림에서 감상자는 언제나 인간에게 즐거움을 주는 아름다움을 경험할 수 있다.

부모가 아는 것처럼 아이들은 늘 그림을 그린다. 교육학자들은 원형들Urformen을 표현하고 싶은 아이들의 욕구에 대해 설명하려고 한다. 화가 세잔Cézanne은 한 젊은 화가에게 보낸 편지에서 이런 창작물들에 관해 이야기했다. 세잔은 자연에서 원기둥, 원뿔, 구, 즉 기하학적 원형들을 보라고 그 화가에게 조언했다. 과학자들도 세계에 대한 자신들의 설명이 어디서 왔고 무엇이 세계의 창조자를 만족시키고 기쁘게 하는지를 물을 때, 이런 기하학적 원형에 대해 말한다. 볼프강 파울리는 1950년대에 창조성에 대해 생각하면서 17세기 요하네스 케플러의 성공에 관한 연구를 진행했다. 이 연구에서 파울리는 한 가지 사실을 알게 되었다. 인간의 영혼 안에 아직 감각에 기초해서 인식 형성이 되지 않은 원형적 그림이 자신의 물리적 관점의 출발점이라고, 케플러는 이해한다는 것이다. 이 사실을 보고 파울리는 "사고의 초기 단계와 내면에 있는 그림을 그리듯이 관찰하기"를 동일시했다. 이 내면의 그림은 감각적 경험들에서 기인할 수 없다. 이 그림은 사람이 만든 것(카메라로 찍은 '사진')이 아니라 사람이 **스스로** 만든 것(뇌로 만든 '이미지')이며, 이 그림으로 세계를 보며, 그렇게 세계상Weltbild이 만들어진다. 신경생물학의 정보에 따르면, 관찰된 장면은 머릿속에서 기하학적이고 구체적인 개별 단위들로 분해된다. 마치 스케치를 하거나 그림을 그리려는 예술가가 처음 이용하는 조각들처럼 말이다. 뇌는 감각이 수용한 것을 색, 형태, 운동에 따라 해체하고, 그 형태를 계속해서 점, 선, 곡선, 고리 그리고 동그라미로 분해한다. 시각을 담당하는 대뇌피질 영역은 마치 화가의 작업실 같다. 그 작업실 안에는 페인트통과 자가 있고, 책상 위에는 사용할 수 있는 붓, 필기구, 분필들이 어지럽게 놓여 있다. 다른 말로 표현하면, 뇌는 세계를 보면 그림을 그린다. 세계에 대한 인지는 '이미지'의 생산과 함께 시작된다. 이것이 바로 상상Imagination이다. 눈에 보이는 실재는 머릿속에서 하나의 그림이 되며, 어느 날, 이 그림은 동굴 벽에 그려진다. 만약 외부의 그림이 이미 머릿속에 만들어져 있는 것과 잘 맞을 때, 감상자에게 가장 마음에 드는 그림이 될 것이라고 가정할 수 있다. 바로 20세기에 입체파로 분류되는 화가들이 이런 그림을 그리는 데 성공했다. 1917년 8월에 라이너 마리아 릴케Rainer Maria Rilke가 표현했듯이, "그림이라는 피부 아래에 있는 전개도를 빛에 비추어 드러낸다." 릴케는 피카소의 그림 같은 기하학적 형태가 어떻게 "그림 구조를 거의 보여주는" 데 성공할 수 있었는지에 관심이 많았다. 신경심리학자들이 1970년대 이후에야 제시할 수 있었던 대답을 릴케는 여기서 미리 보여주었다.

1906년 릴케는 소설 『말테의 수기Aufzeichnungen des Malte Laurids Brigge』에서 주인공 말테 라우리즈 브리게를 통해 다음 질문들을 던졌다. "브리게는 생각했다. 인간은 지금까지 실재하는 것과 중요한 것을 보지 못했고, 알지 못했으며, 말하지 못했다는 게 있을 수 있는 일인가? 보고 생각하며 그릴 수 있는 시간이 수천 년이나 있었는데도, 학교에서 쉬는 시간에 빵과 사과를 먹으면서 시간을 보내듯 그렇게 수천 년을 그냥 보내버렸다는 게 있을 수 있는 일인가?", "발명과 진보에도 불구하고, 문화, 종교, 철학에도 불구하고 삶의 표면에만 머물러 있었던 게 가능한 일인가? 심지어 무언가가 어쨌든 있었을 이 표면을 믿을 수 없이 지루한 재료로 덮어두어 여름휴가 때 만난 살롱의 가구처럼 보이게 하는 게 가능한 일인가?" 그리고 그 대답은 늘 같았다. "그렇다. 가능한 일이다."

릴케의 이야기는 물리학의 경험과 관련이 있다. 19세기 말에 물리학은 보이지 않는 광선들을 무더기로 발견할 수 있었다. 1886년 전자기파, 1895년 뢴트겐선, 1896년

알파, 베타, 감마 방사선이 발견되었다. 이제 색깔이 있는 가시광선은 그저 희미해지는 소수로 전락했다. 여기서 릴케의 브리게는 인간들은 "아직 실제를 보지 못했다."라는 피할 수 없는 결론을 가져온다. 다르게 표현하면, 19세기 말에 물리학자들은 세계는 **보이는 것과 다르다**는 사실을 증명했다. 이 결과는 예술가들에게도 영향을 미쳤다. 즉, 한 화가가 자신의 그림으로 세계가 어떤 모습인지 보여주고 싶다면, 더는 보이는 모습대로 표현해서는 안 된다는 것이다. 세계의 모습을 그리고 싶다면, 세계를 새롭게 발명해야 한다. 이런 의미에서 스웨덴 예술가 힐마 아프 클린트Hilma af Klint는 1906년부터 캔버스 위에 있는 자유로운 공간에 자신의 환상을 허락했으며, 오늘날 추상화의 선구자로 존경받는다. 그때부터 미술은 대상에 대한 추상화의 길로 갈 수밖에 없었다. 세잔은 이미 그 길을 가고 있었으며, 피카소는 이를 매우 진지하게 수용했다. 미술사학자 언스트 곰브리치Ernst Hans Josef Gombrich는 자신의 『서양미술사Geschichte der Kunst』에서 피카소의 생각을 언어로 표현하려는 과감한 시도를 했다. "우리는 보는 대로 사물을 표현하려 한다는 주장을 오래전에 그만두었다." 피카소는 자기 눈에 보이는 것이 아닌 자기가 생각한 것을 그리려고 했다. 같은 시대를 살았던 아인슈타인도 마찬가지였다. 그는 자신이 구상하는 이론들을 "인간 정신의 자유로운 발명"으로 이해했다. 곰브리치는 피카소의 사유에서 한 걸음 더 나갔다. 그는 화가들이 다음과 같이 생각하게 한다. "우리는 스쳐 가는 순간을 캔버스에 고정시키기를 결코 원하지 않는다. 여기서 우리는 차라리 세잔의 흔적을 따라 우리 그림을 견고하고 오래가게, 그리고 가능한 한 개별 형태들로 구성하여 만들려고 한다. 우리의 목표는 모방이 아니라 구성임을 단호하게 고백하지 않을 이유가 무엇인가? 어떤 사물, 예를 들어 바이올린을 생각해 보자. 내면의 눈으로 바이올린을 보면 현실에서 보는 것과는 완전히 다르다. 이 다양한 관점들이 우리에게 동시에 '현존'한다." 입체파 화가들이 보기에는, 자신들의 그림들이 보여주는 이 특이하고 풍성한 형태들의 혼합이 세세함을 더 확실하게 보여주는 사진보다 현실의 바이올린에 대해 더 많은 것을 담고 있다.

예술과 실재를 비교할 때 피할 수 없는 주제는 시간이다. 현실 세계에서 시간은 지나가지만, 그림 안에서 시간은 머문다. 이 문제는 미술사의 중요한 주제 가운데 하나다. 그림에서 관람자의 욕구를 깨우고 예술품의 지위를 보장받기 위해서는 피카소가 말한 스쳐 가는 순간이 선택되어야 한다. 고트홀트 에프라임 레싱Gotthold Ephraim Lessing이 이 문제를 처음 제기했었다. 1766년에 레싱은 예컨대 한 조각품이 포착하여 보여주려고 하는 운동 혹은 행동에는 어떤 "풍성한 순간"이 있어야 한다고 말했다. 풍성한 순간이란 무엇이 그 전에 있었는지를 알게 해주고, 동시에 그다음에 무슨 일이 생길지를 한 장면으로 보여주는 순간을 의미한다. 시는 언어를 시간 안에 배치하며, 그림과 조각은 형태와 색깔을 공간 안에 배치한다. 그렇게 예술은 뉴턴 이후의 고전 물리학처럼 시간과 공간을 분리한다. 아인슈타인이 등장하기 전까지 그랬다. 아인슈타인이 등장하는 20세기 초에 시간과 공간은 독립된 실존을 잃어버렸고, 시공간으로 통합되어 새로운 삶을 시작한다. 한편, 세계에 대한 이런 시선은 이미 알렉산더 폰 훔볼트Alexander von Humboldt에서 발견된다는 사실을 언급할 필요가 있다. 발견자이자 자연연구자였던 훔볼트가 남아메리카에서 밤하늘의 총총한 별들에 경탄하면서 자신의 영혼에 이 별들을 담고 있을 때, 공간을 보는 것은 동시에 시간을 보는 것이라는 생각이 문득 떠올랐다. 철학자 칸트의 마음을 경탄과 경외감으로 채워주었으며 심지어 도덕법칙까지 이끌어주었던 별이 빛나는 밤하늘. 그 별바다에서 반짝이는 빛은 우리가 자신을 볼 수 있을 때까지 영원히 여행하고 있다. 이 모든 것이 훔볼트에게 공간과 시간이 분리될 수 없다는 것을 깨닫게 해주었다. 입체파 화풍으로 그림을 그리기 시작하면서 피카소는 바로 정확히 단일성이라는 이 거대한 미학적 사고를 추구했다. 그러나 앞에서 언급했듯이 시간의 흐름 속에 있는 바이올린을 다양한 관점에서 볼 수 있고, 어떤 시점으로 화가의 구상 속에 현재화하는 가에 따라 방법도 다양하다. 아인슈타인은 (물리적) 시간을 (물리적) 공간에 추가한다. 피카소는 경험된 시간을 형태를 갖춘 평면에 추가한다. 한편, 라이오넬 파이닝거Lyonel Feininger와 같은 동시대 예술가들은 추가적으로 현실에서 분명히 드러나는 공간의 깊이를 평면인 그림 속에 넣으려고 노력한다.

베르너 하이젠베르크가 자서전 『부분과 전체Der Teil und das Ganze』의 첫 부분에서 밝혔듯이, 이 과학과 예술 모두 인간에 의해 만들어지지만, 유감스럽게도 이 "당연한 사실이… 쉽게 망각에" 빠지곤 한다. 과학과 예술 사이에 공통점이 많다는 무시할 수 없는 사실에도 불구하고 교육받은 시민 계층은 자연과학에서 교육 혹은 심지어 문화에 대한 기여를 찾는 데 여전히 어려움을 겪는 듯하다. 1999년임에도 자연과학의 인식은 교육에 속하지 않는다고 명시적으로 말하는 책이 독일에서 출판되기까지 했다. 이 책이 나오기 몇 년 전에 이미 프랑스의 철학자 미셸 세르Michel Serres가 "우리의 오늘날 생활양식이 어떻게 생겨났는지를 충분히 설명하기 위해" 과학과 기술의 역사를 필수적으로 알아야 한다고 말했었지만 말이다. 한 사람의 교육에서는 그가 살고 있는 문화가 드러나야 한다. 그리고 자연과학의 진보보다 이 문화와 세계관에 더 큰 영향을 미치는 것은 없다.

1959년에 영국의 소설가이자 과학자였던 찰스 퍼시 스노Charles Percy Snow는 자연과학과 인문학의 관계에 대해 유명한 연설을 했다. 이 연설에서 스노는 자연과학과 인문학을 두 개의 문화로 분류하였는데, 이 분류는 오늘날까지도 많이 토론되고 있다. 스노는 문학적 지성(작가, 비평가)과 자연과학 분야(연구자, 기술자)를 구분하면서 각각의 영역에서 언급되는 주제를 대중이 얼마나 이해하는지 질문한다. 스노는 셰익스피어William Shakespeare의 소네트(14행시)와 열역학 제2법칙 사이에서 확인할 수 있는 불균형을 봤다. 셰익스피어의 시에 관해 이야기할 때는 누구나 고개를 끄덕이며 이해의 행동을 보여주지만, 열역학과 열역학의 중요 법칙들을 듣게 되면 모두 모르겠다면서 고개를 흔든다는 것이다. 셰익스피어의 소네트와 열역학 제2법칙은 모두 앞에서 언급했었던 시간과 시간에 대한 인간의 이해를 다루고 있다. 셰익스피어는 다양한 방법의 언어 사용으로 멈추어진 시간 속에 있는 사물에 지속성을 주려고 노력한다. 반면 열역학 제2법칙은 피할 수 없는 물리적 사실을 표현하고 있지만, 이 사실을 현실에서 경험하지는 않는다. 시간은 멈추지 않으며, 뒤로 돌아가지도 않는다. 오직 앞으로만 가며 사람들과는 멀어진다. 오직 시와 같은 예술 작품에서만 시간을 붙잡고 고정시킬 수 있다. 셰익스피어는 이를 분명하게 말한다. 예를 들어 소네트 81번의 마지막 행은 다음과 같다.

"그렇게 하는 동안 나의 시는 그대에게 영원을 선물할 것이다. 인간들이 숨을 쉬고 말을 하듯이."

그러나 물리적 시간은 이 구절을 읽고 있는 동안에 흘러간다. 물리학자들은 이 사실을 앞에서 언급한 기본 법칙으로 표현하는데, 이 법칙의 중심에는 '엔트로피'라는 개념이 있다. 이 개념은 1850년에 생겨났다. 당시 과학자들이 기계의 성능을 묘사하려고 시도했는데, 그들은 기계를 가능한 한 높은 효율로 작동시키기를 원했다. 그들은 곧 기계를 이론적으로 이해하는 데 에너지 개념만으로 충분하지 않음을 알게 되었는데, 작업 중에 변환될 수 있는 에너지와 변환에 적합하지 않은 에너지가 존재했기 때문이다. 이 변환될 수 있는 에너지를 '자유 에너지'라 불렀고, 이 자유 에너지는 '엔트로피'라고 불렀던 단위에 의해 전체 에너지와 구분되었다. 이렇게 물리학자들은 1870년에 이 세계에 에너지는 일정하다는 제1법칙 옆에 두 번째 법칙을 나란히 세웠다. 물리적 과정이 진행되면서 이 세계의 엔트로피는 계속 증가하는데, 최대치에 도달할 때까지 엔트로피 증가는 지속된다. 이것이 열역학 제2법칙의 내용이다. 이 법칙의 특징은 시간에 방향이 있다는 데 있다(그 과정이 세세하게 어떻게 일어나는지는 말할 수 없다). 시간은 이 세계에서 엔트로피가 증가하는 방향으로 흐른다. '엔트로피가 무엇인가'라는 질문에 대해서는 오늘날까지 늘 새로운 대답이 시도되며, 엔트로피를 구체화하려는 많은 제안이 있다. 하나의 시스템 안에서 '무질서도'에 대해 말하기도 하며, 축적된 '우연의 저장물'이라고 생각하기도 한다. 또는 사라질 수 없는 '무지의 척도'라고도 한다.

'셰익스피어의 소네트와 열역학 제2법칙', 또는 '모차르트와 양자역학' 논의에서 자연과학 종사자들은 언급되지 않은 채 예술가의 이름만 등장했다. 이 상황은 연구자들은 교체 가능하다는 생각을 들게 한다. 왜냐하면, A 박사가 오늘 발견하지 못한 것을 내일 B 박사가 발견하거나, 늦어도 모레에는 박사 C가 발견할 것이기 때문이다. 그러나 시인 D가 오늘 쓴 것은 어느 누구도 천재적인 시인 D처럼 쓸 수 없다. 구체적으로 말하면, 사람들은 케플러가 없었어도 케플러의 법칙들은 존재했을 것이라고 흔히 생각한다. 그러나 괴테의 문학은 다르다. 괴테라는 이름을 가진 한 사람이 없었다면 그런 작품들은 절대 나오지 않았을 것이라고 생각한다. 이런 대조는 사실 의미가 없는 일이다. 결국, 여기서는 시 한 편과 과학 연구의 결과가 비교된다. 전자는 작품이며 후자는 내용이다. 이 두 가지를 서로 저울질하고, 과학의 통찰을 너무 쉽게 여긴다면, 과학자와 예술가 모두가 창조적일 수 있다는 사실을, 집단 무의식은 인정하지 않으려고 할 것이다. 누군가는 아무것도 창조하지 않은 채 그냥 이미 존재하는 것을 발견했고, 또 다른 이들은 아무것도 발견하지 않은 채 지금까지 존재하지 않았던 것을 창조했다는 생각은 그냥 틀린 생각이다. 케플러가 정리하기 전까지 케플러의 법칙은 어디에 있었나? 인간은 자연에서 법칙을 발견하는 게 아니라 자연에 법칙을 부여한다고 칸트도 강조하지 않았던가? $E=mc^2$ 공식 속에 표현되지 않은 등호가 어디 숨어 있을 수 있겠는가? 자연법이라는 존재의 영역은 인간의 사고 세계이며, 자연과학에서 발견과 창조 사이의 차이는 철학적으로 아무 의미가 없다.

'자연과학자와 작가'의 결합은 특별히 내가 이미 자

주 인용했던 괴테에서 잘 드러난다. 괴테는 예술 작품뿐만 아니라 색 이론에 대해서도 책을 썼다. 지금 다루고 있는 주제에 적절한 괴테의 훌륭한 문장들이 있다. 다음 문장이 좋은 예다. "만약 우리가 과학에서 온전한 어떤 것을 기대한다면, 필수적으로 과학을 예술로 생각해야 한다." 과학은 시에서 나왔으며 그들은 다시 합쳐질 것이라고 괴테는 확신했다. 원하는 온전함에 도달하기 위해 한 인간이 무엇을 해야 하는지 괴테는 숨기지 않았다. "이런 요구에 가까이 가기 위해서는 과학적 활동에서 인간의 능력을 배제해서는 안 된다. 저주의 심연들, 현재에 대한 확실한 시각, 수학적 깊이, 물리적 정확성, 이성의 고양, 지성의 날카로움, 활발하게 갈망하는 환상, 의미에 대한 사랑스러운 기쁨. 순간의 생생한 경험을 위해 이 모든 것이 필요하다." 이 모든 것은 삶에서 추구해야만 하는 진정으로 위대한 과제다.

1940년대에 '현대 물리학의 관점에서 괴테와 뉴턴의 색채론'을 관찰하기 시작한 베르너 하이젠베르크는 과학자들의 방법이 가진 단점을 솔직하게 인정했다. "자연과학은 점점 더 감각으로 직접 느끼는 현상의 생생함을 회피하면서 수학 공식으로 과정의 핵심만 보여주고 있다. 이런 생생함과 직접성은 뉴턴 이후 자연과학의 진전을 위한 전제조건이었다. 이를 회피하는 일은 괴테가 뉴턴의 물리적 광학에 반대하며 색채론에서 펼쳤던 치열한 논쟁의 이유가 된다."

그다음 하이젠베르크는 색에 접근하는 두 가지 길은 서로 상보적 노력임을 보여주었다. "뉴턴 이론의 가장 단순한 표현은 좁게 규정된 단색으로 된 빛이다. 이 빛은 복잡한 장치를 통해 다른 색과 방향을 정리한 것이다. 괴테의 색채론에서 가장 단순한 개념은 우리를 비추고 있는 백색 일광이다."

뉴턴은 부분을 봤지만, 괴테는 전체를 보았다. 괴테는 보는 행위를 관찰했지만, 뉴턴은 빛을 분석했다. 괴테는 무지개나 수면의 기름 막 위에 생기는 색 같은 광학 현상을 설명할 수 없었다. 반면 뉴턴은 색채 현상이 인간에게 미치는 효과에 대해 말할 게 별로 없었다. 괴테는 예술을 위한 이론을 지향했고 그림에 나오는 색들의 조화를 이해하려고 했던 반면, 뉴턴은 빛이 거리를 극복하고 장애물을 만났을 때 이 빛이 지나는 길을 이해하려고 했다.

뉴턴은 빛이 **사람**의 눈에 떨어지면 어떤 일이 생기는지 알고 싶었고, 이 질문에 대답하려고 했다. 이 대답 안에 자신이 직접 (자신의 감각으로) 존재하지는 않았다. 괴테는 빛이 **자신**의 눈에 떨어지면 어떤 일이 생기는지 알기를 원했다. 괴테는 "과학의 공격에 반대하면서 감각적 인상이 주는 직접적인 진리"를 지키면서 미학적인 것을 보존하려고 노력했다.

이제 **진리**라는 개념의 공간에 들어선다. 예수는 「요한복음」에서 제자들에게 약속하면서 진리에 대해 이렇게 말한다. "너희는 진리를 알게 될 것이며 진리가 너희를 자유롭게 할 것이다." 틀림없이 모든 시대는 진리를 대면할 수 있는 고유한 길들을 안다. 낭만주의 시대에는 예술이 가장 큰 기회를 제공했었다. 20세기에는 과학이 시간과 공간에 대한 과학적 사유를 통해, 그리고 원자 영역에서의 인과성으로 진리를 향한 길을 찾는 기회를 제공할 수 있었다. 예수의 약속과는 달리 이 과정에서 인간은 자유로워지지 않았다. 오히려 그 반대였다. 그러나 어떤 운명이 자신들 앞에 마련되어 있는지 알게 되었다. 1954년 볼프강 파울리의 말을 들어보자.

"(두 가지 근본 태도인) 이해를 추구하는 비판적 합리성과 구원의 일치 경험을 추구하는 신비적 비합리성을 서로 결합하는 일이 서방국가들의 운명이라고 나는 믿는다. 인간의 영혼 안에는 두 가지 태도가 언제나 함께 거주할 것이며, 각각 그 반대편의 씨앗을 언제나 품에 안고 있을 것이다. 이를 통해 어떤 변증법적 과정이 생겨나지만, 우리는 이 과정이 어디를 향할지 알지 못한다. 유럽인으로서 우리는 이 과정을 신뢰해야 하며 반대편을 상보적으로 인정해야 한다고 나는 믿는다. [...] 이 양극성의 긴장을 인정한다면, 우리는 우리의 모든 인식 과정 또는 구원 여정이 우리의 통제 밖에 있는 요소들에 종속되어 있음도 받아들여야 한다. 이 요소들을 종교 언어는 늘 은총이라고 표현했다." 이것이 바로 진리다.

|추|천|도|서|

더 상세한 장별 추천 도서 목록은 다음 인터넷 사이트에 찾을 수 있다.

http://www.chbeck.de/Fischer-Wissen-Literaturverzeichnis

- Adam Rutherford, *Eine kurze Geschichte von jedem, der jemals gelebt hat*, Berlin [2]2019.
- Adolf Portmann, *Vom Lebendigen*, Frankfurt am Main 1973.
- Albert Einstein, *Mein Weltbild*, Berlin 1962.
- Aristoteles, *Metaphysik*, Reinbek 1994.
- Charles Darwin, *Die Entstehung der Arten*, Stuttgart 1963.
- Ernst Peter Fischer, *Die andere Bildung*, Berlin 2001.
- Ernst Peter Fischer, *Die Verzauberung der Welt*, München 2014.

- Ernst Pöppel, *Grenzen des Bewusstseins*, Frankfurt am Main 2000.
- Ernst Robert Curtius, *Elemente der Bildung*, München 2017.
- Erwin Schrödinger, *Was ist Leben?*, München 31989.
- Frank Wilczek, *The Lightness of Being*, New York 2008.
- George Dyson, *Turings Kathedrale*, Berlin 2014.
- Hans Christian v. Baeyer, *Das informative Universum*, München 2005.
- Henry F. Ellenberger, *Die Entdeckung des Unbewussten*, Zürich 1985.
- Isaiah Berlin, *Wirklichkeitssinn*, Berlin 1998.
- Jan Assmann, *Achsenzeit*, München 2018.
- Johannes Krause und Thomas Trappe, *Die Reise unserer Gene*, Berlin 2019.
- Jürgen Osterhammel, *Die Verwandlung der Welt*, München 52010.
- Karl H. Metz, *Ursprünge der Zukunft*, Paderborn 2006.
- Karl Popper, *Auf der Suche nach einer besseren Welt*, München 1984.
- Konrad Lorenz, *Die Rückseite des Spiegels*, München 1973.
- Nicolai Hartmann, *Der Aufbau der realen Welt*, Berlin

31964.

- Paolo Rossi, *Die Geburt der modernen Wissenschaft in Europa*, München 1997.
- Peter von Matt, *Öffentliche Verehrung der Luftgeister*, München 2003.
- Rémi Brague, *Die Weisheit der Welt*, München 2006.
- Stephen J. Gould, *Die Entdeckung der Tiefenzeit*, München 1990(Stephen J. Gould, Time's Arrow, Time's Cycle: Myth and Metaphor in the Discovery of Geological Time).
- Stuart Kauffman, *A World Beyond Physics*, Oxford 2019.
- Wolfgang Pauli, *Physik und Erkenntnistheorie*, Braunschweig 1984.

|찾|아|보|기|

ㄱ

ㄴ

ㅈ

ㅊ

ㅋ

과학은 미래로 흐른다

빅뱅에서 현재까지, 인류가 탐구한 지식의 모든 것

초판 1쇄 인쇄 2022년 1월 10일
초판 1쇄 발행 2022년 1월 17일

지은이 에른스트 페터 피셔
옮긴이 이승희
펴낸이 김선식

경영총괄 김은영
책임편집 강대건 **책임마케터** 박태준
콘텐츠사업8팀장 김상영 **콘텐츠사업8팀** 최형욱, 강대건, 김지원
마케팅본부장 권장규 **마케팅4팀** 박태준
미디어홍보본부장 정명찬
홍보팀 안지혜, 김민정, 이소영, 김은지, 박재연, 오수미
뉴미디어팀 허지호, 박지수, 임유나, 송희진, 홍수경
저작권팀 한승빈, 김재원
편집관리팀 조세현, 백설희
경영관리본부 하미선, 박상민, 김민아, 윤이경, 이소희, 이우철, 김혜진, 김재경, 최완규, 이지우
외부스태프 **표지 및 본문디자인** 이슬기

펴낸곳 다산북스 **출판등록** 2005년 12월 23일 제313-2005-00277호
주소 경기도 파주시 회동길 490 3층
전화 02-704-1724 **팩스** 02-703-2219 **이메일** dasanbooks@dasanbooks.com
홈페이지 www.dasanbooks.com **블로그** blog.naver.com/dasan_books
종이 한솔피앤에스 **인쇄, 제본** 민언프린텍 **코팅 및 후가공** 제이오엘앤피 **제본** 국일문화사

ISBN 979-11-306-7950-1 (03400)

다산북스(DASANBOOKS)는 독자 여러분의 책에 관한 아이디어와 원고 투고를 기쁜 마음으로 기다리고 있습니다.
책 출간을 원하는 아이디어가 있으신 분은 이메일 dasanbooks@dasanbooks.com 또는 다산북스 홈페이지 '투고원고'란으로 간단한 개요와 취지, 연락처 등을 보내주세요. 머뭇거리지 말고 문을 두드리세요.